PYTHON 青少年编程

像超级英雄一样学习

[美] 詹姆斯 · R. 佩恩（James R. Payne）著
陈军 陈赛涛 熊钊平 张豆 张雪婷 于希瑶 李小勤 罗飞 译
罗洁 王冠淼 审校

PYTHON FOR TEENAGERS

Learn to Program like a Superhero!

机械工业出版社
China Machine Press

图书在版编目（CIP）数据

Python 青少年编程：像超级英雄一样学习 /（美）詹姆斯·R. 佩恩（James R. Payne）著；陈军等译. -- 北京：机械工业出版社，2021.4

书名原文：Python for Teenagers: Learn to Program like a Superhero!

ISBN 978-7-111-67911-0

I.①P… II.①詹… ②陈… III.①软件工具–程序设计–青少年读物 IV.①TP311.561-49

中国版本图书馆 CIP 数据核字（2021）第 059118 号

本书版权登记号：图字 01-2020-1956

Python 青少年编程：像超级英雄一样学习

出版发行：机械工业出版社（北京市西城区百万庄大街 22 号 邮政编码：100037）

责任编辑：赵亮宇 刘 锋

责任校对：马荣敏

印 刷：中国电影出版社印刷厂

版 次：2021 年 4 月第 1 版第 1 次印刷

开 本：186mm × 240mm 1/16

印 张：16.25

书 号：ISBN 978-7-111-67911-0

定 价：89.00 元

客服电话：（010）88361066 88379833 68326294

投稿热线：（010）88379604

华章网站：www.hzbook.com

读者信箱：hzit@hzbook.com

The Translator's Words 译 者 序

亲爱的读者，相信你拿起本书时已经知道学习编程的重要性了！

我国现在正在推动发展青少年学习编程。2017 年国务院在《新一代人工智能发展规划》中提出要打造科技强国的战略，构建我国人工智能先发优势；2018 年教育部印发的《教育信息化 2.0 行动计划》提出要发展人工智能和编程的课程内容，将信息技术纳入初、高中学业水平考试。华为 5G 全球领先，中国科技逐步强大，然而我国在某些领域依然没有做到技术突破。未来的舞台是青少年的，你们将参与到把中国建设成为科技第一强国的历史洪流当中。

编程曾一度高深莫测，被认为是专业的程序员才能做的事。然而 Python 编程语言的出现，大大降低了编程难度，使得人人都可以编程。编程过程既有趣又能表达自我，还具有创造性，是锻炼大脑、培养创造性思维的好方式，无论你是五六年级的小学生还是大学生，本书都能轻松快速地带你进入编程的世界。

Python 编程语言是一种高级语言，相比于 C/C++ 等底层语言简单许多，让人们能轻松上手。Python 可以用于开发人工智能、游戏、智能硬件、数据分析、自然语言处理、网站等应用。正因为简单且应用广泛，最近几年 Python 连续在 IEEE 编程语言排行榜上排名第一。因此用 Python 作为编程入门语言是很正确的选择。

国内的青少年编程与英美国家相比存在起步较晚、经验不足、普及不够的问题，国外的青少年编程经验值得我们借鉴和学习。很高兴这次能有机会组织团队和机械工业出版社华章分社合作翻译这本国外的青少年 Python 编程畅销书，本书作者詹姆斯 · R. 佩恩 10 岁就开始学习编程，长大后也一直在从事编程相关工作。作者因对编程有无限的热爱，体验了众多编程的乐趣，所以他希望将这些热爱与乐趣通过本书传递给大家。

作者为了让本书内容更加贴近生活，在书中举了一些他小时候的例子，可能中国读者并没有听过这些例子，我们不用深入了解它们是什么，大概知道作者说的可能是一首歌或一部影片即可，毕竟学习编程知识才是我们的主要任务。

最后还想告诉各位读者的是，学习编程时有研究精神很重要。可能你会在学习过程中遇到问题，这在编程中是很常见的，可能因为一个字母没有写对就导致程序不能运行。这时候不要气馁，要有研究精神，仔细去检查。欢迎进入编程的世界，祝同学们学习愉快！

罗飞

HelloCode 青少儿编程

Preface 前　言

本书的目标读者

本书适合希望使用 Python 进行编程的青少年阅读。虽然从技术角度来讲适用于 13 岁至 18 岁的人，但事实上任何年龄段的人都可以阅读本书，如果想了解如何使用 Python 进行编程，或者作为初学者如何编程，或者想将 Python 编程作为一技之长，那么就可以拿起这本书。

最重要的是，如果你是勇敢的冒险家，请拿起这本书，它就是为你而写的。未来取决于像你这样的年轻英雄，渴望学习编程的艺术并走向世界，保护它免受邪恶的黑客、可疑的应用程序以及崛起的人工智能机器人的侵扰！

因此，无论你是六年级的学生还是大学生，本书都将赋予你大量的超能力。当然，当你读完本书后，并非能隔墙观物或者力大无穷，但是你将能够说计算机的语言并创建一些非常酷的程序。

还有什么比这更棒的呢？

本书内容简介

第 1 章对编程和 Python 进行概述，然后展示如何安装 Python 和 Python IDLE，这将允许你创建自己的 Python 程序并测试代码。

第 2 章讨论数学函数（例如除法、加法和乘法），并学习 Python 使用的不同数据类型。

我们还将开始构建一个有趣的应用程序——“超级英雄生成器 3000”的基础版本！

第 3 章深入研究如何处理文本——也称为字符串。还将介绍 Python 提供的不同类型的存储。通过查看常见的字符串函数并构建“超级英雄生成器 3000”应用程序的另一部分来总结这些内容。

有时程序需要根据用户或其他影响因素的反馈来采取某种行动。这就是所谓的决策制定，也是第 4 章的主题。

第 5 章介绍编程逻辑和循环，即迭代，其中代码可以根据特定条件“循环”或重复自己。

第 6 章是到目前为止所学知识的复习课程。我们将使用所学的知识来完成第一个完整版本的“超级英雄生成器 3000”。到最后，你将能够随机创建具有独特超能力、名字和战斗属性的英雄！

第 7 章开始学习更高级的技术。要成为一个真正的程序员，你必须学习高效编程和减少代码中的错误。这就是模块和内置函数发挥作用的地方。在这个令人兴奋的章节中了解它们是什么，以及为什么它们会让你的编码人生更加轻松！

第 8 章着眼于更高级的主题。具体来说，我们将介绍面向对象编程（OOP）的基础知识，包括对象和类，并定义一个称为多态的东西。

为了稍做调整，第 9 章将介绍一些不同类型的数据结构，包括元组和字典。

第 10 章让我们快速了解如何在目录中创建和处理文件。

我个人最喜欢的章节是第 11 章，它涵盖了我最喜欢的主题：Python 游戏编程。我们将在电子游戏的世界中漫步，并学习如何使用电子游戏元素，包括声音、动画等！

第 12 章继续介绍游戏主题，并会特别介绍游戏动画。学习如何创建与用户交互的游戏，如何使图像在游戏中移动，这才是真正让游戏更有趣的地方。

第 13 章进入在其他章节尚未讨论过的 Python 领域，包括如何调试或查找引起程序崩溃的代码。我们也会研究高级模块和其他主题。

最后，我们在第 14 章总结所有内容并涵盖更多主题，包括如何作为 Python 开发者求职、常见的面试问题、Python 的未来和职业道路，并回答一些关于我们最喜欢的编程语言的常见问题（FAQ）。

既然已经知道了我们将学习什么，那就穿上披风和超级英雄的装备，准备好飞跃知识的高楼吧！

我开始编程的起因

我很久很久以前就开始编程了，那时互联网和手机还没有出现。那时候，电脑上还没有像现在这样的图像。一切都是基于文本的，大多数游戏也是如此，听上去很让人震惊吧？虽然确实有一些具有动画和图形的电脑游戏，但它们是8位格式的，不像现在那样具有电影效果。

我很幸运能和哥哥共享一台电脑。我可以肯定我的父母不知道电脑是用来干什么的，但是他们一定认为："这个未来设备一定会让我的孩子们在未来更有前途。"

从某种程度上说，他们是对的：如果他们没有给我和哥哥买一台电脑，谁知道我现在会做什么呢？当然不会写这本书，也不会帮助你像英雄一样去编程！

但是一个由乱七八糟的电子元件组成的巨大"镇纸"——当时我们称之为Apple IIe（早期的苹果电脑型号）——并不足以吸引我使用它。毕竟，我碰巧也拥有一台任天堂的红白机（NES），它有大量的游戏，虽然说出来很难为情，但直到今天我仍然会玩两把。

让我真正迷上电脑的是：我有一个朋友Nicholas，他知道所有关于电脑编程的事情。有一天，他向我展示了如何"破解"我们最喜欢的几个基于文本的游戏的代码，让我们在游戏中更有优势。这类似于在电子游戏中创建你自己的作弊代码。特别是，我们玩了一个叫作*Lemonade Stand*的游戏，这个游戏和站在你家门口卖自制的柠檬水一模一样，只不过你从来没有真正赚过钱，也没有晒伤。

在游戏中，你一开始只有几美元——几乎不足以获得任何真正的利润。然而，当查看了运行游戏的代码后，我们发现只要改变几行，就可以想要多少钱就有多少钱。很快，我成了世界上第一个*Lemonade Stand*的百万富翁。

从此我就迷上了编程。

从那时起，我们就经常设想着创造自己的电子游戏，而我们也是这样做的。从基于最喜欢的漫画书和*Dungeons & Dragons*的复杂角色扮演游戏（RPG），到向我们的朋友提出一系列问题，然后根据他们的回答恶搞他们的恶作剧程序！

尽管当时所有这些看起来都很幼稚，但现在回想起来，我知道是它们让我喜欢上编程以及一定程度上为写作奠定了基础（尽管我开始写作的时间要早得多）。如果没有那个充满编程乐趣的夏天，我将永远不会有之后的那些美好经历、朋友、工作和写作机会。

而且最重要的是，我也体会不到编程的乐趣。

亲爱的读者，这就是我希望传递给你们的：对编程的一生所爱和机遇完全基于一件事——编写计算机程序和编写代码带来的欢乐和喜悦。

当然，编写应用程序可能是一件痛苦的事情。你可能会在很多个夜晚恨不得用头磕键盘，对着电脑屏幕大喊大叫几个小时，结果却发现是因为你忘记写一个括号而导致程序运行异常。

但是一旦你发现自己或者其他开发者犯的错误，你会意识到，你就是有史以来最伟大的开发者，没有什么是比这个胜利时刻更美妙的了！

编码注意事项

当阅读本书时，你可能会发现自己想要跳过一些内容或者想要跳过一两个练习。就像生活中所有的事情一样，以下建议也适用于学习编程：如果你打算蒙混过关，那就是在自欺欺人。

为了帮助你走上正轨，这里有一些阅读本书和学习如何编程的注意事项：

请把这本书通读一遍。虽然你可以跳过某一章或某一练习，但请记住，这本书不仅介绍编程语言的基础，还有编码实践、理论和对编程原则的理解，你可以带着这些原则去学习其他语言。

不要从本书或任何其他来源（假设你有电子版）复制和粘贴代码。相反，花点时间输入代码，这样就可以开始体验编写代码的感觉，通过多次的编码练习还可以帮助你记住这些代码。

用代码做试验。我发现要真正理解编写的代码，最好的方法之一就是试验。如果你在书中遇到一个例子，可以随意改变一些参数，看看会发生什么。最坏的情况就是你可能会失败。但是你会学到新东西！

不要害怕搜索其他关于 Python 的教程和指南。本书的初衷是为初学者打下基础，但它并非包罗万象。如果你决定查找类似的示例，一定要查看文章的日期和 Python 的版本。如果版本与我们在本书中使用的版本（Python 3）不匹配，那么很可能你会因为代码无法工作而感到困惑。

一定要给代码写注释。虽然我们现在还没有涉及这个主题，但是要知道在代码块或者某个部分留下一些注释，这可以让你（或者将来其他的编码人员）知道你当时处理某段代码的逻辑或者想法。尽管 Python 是一种非常易读的语言，但是每个开发者编写代码的方式都是不同的，对你而言显而易见，可能对于其他人来说并非如此。另外，如果你以后要查看自己写的代码，这将使你更容易想起你在十多年前的凌晨到底想要做什么！

编码前要做计划。也就是说，写下你希望整个程序如何工作，然后把它分解成小部分。然后，根据每个小部分分别设计并编写代码。 这样你就可以按照流程图编码，而不是凭感觉编码。

最后，要经常测试并保存你的代码。当忙得不可开交时，我们喜欢一连几个小时不停地工作。然而，如果我们不停下来测试代码并保存文件，就有可能浪费大量的工作时间，更糟糕的是，可能会创建一个存在难以跟踪的问题的程序。

致　　谢 *Acknowledgements*

感谢 Todd Green，如果没有他可能就没有此书，是他让我写书并听取了我的想法，幸好我最终选择了最想写的这本。

感谢 Jill Balzano，她是一个卓越的协调编辑，在极其繁忙的工作中保证了本书的进展，这是无比宝贵的，没有她，本书也不会完成。

感谢 James Markham 和 Andrea Gavana 发现了我所有的错误，并向我证明即使到了我这个年纪，仍然有很多东西要学习。活到老学到老。

感谢 Apress 的整个编辑团队，和他们合作很愉快。他们帮助我完成了我最喜欢做的事：写作。

About the Author 作者简介

James R. Payne 10 岁就开始接触编程。他从破解像 *Lemonade Stand* 这样的基于文本的游戏，让自己在游戏中更有优势开始，并很快以 *Dungeons & Dragons* 的风格开发了自己的基于文本的角色扮演游戏，游戏的灵感就来自他最喜欢的漫画书。受到这些早年所获得的乐趣的影响，他的整个职业生涯都在编程的世界中度过。

Payne 是 Developer Shed 的前主编 / 社区管理员，Developer Shed 是一个在线出版物和社区，由 14 个致力于编程、网络开发和互联网营销的网站和论坛组成。他撰写了 1000 多篇关于编程和市场营销的文章，几乎涵盖了所有可用的语言和平台。他的第一本书 *Beginning Python* 出版于 2010 年。此外，他还发表了 2000 多篇文章，涵盖从游戏到航空航天等多个主题，还写过成人恐怖小说和青少年奇幻小说。

技术评审员简介 About the Reviewer

Andrea Gavana 从事 Python 编程工作将近 16 年，自 20 世纪 90 年代后期开始涉猎其他语言。他拥有化学工程硕士学位，现工作于丹麦哥本哈根，任 Total 公司发展规划总设计师。

Andrea 很喜欢编程并从中享受到乐趣，曾参与多个基于 Python 的开源项目。他最大的爱好之一就是 Python 编程，同时也喜欢骑自行车、游泳，以及与家人和朋友共进温馨晚餐。

本书是他作为技术评审员评审的第 3 本书。

Contents 目 录

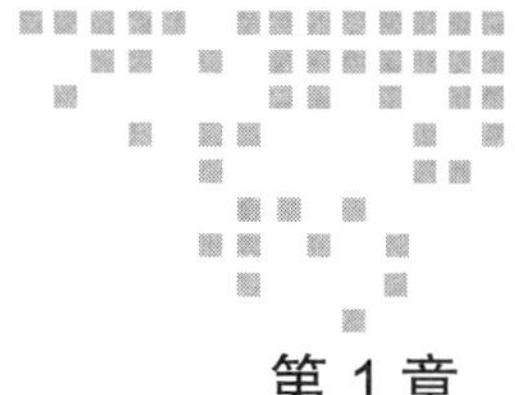

第 1 章 Chapter 1

计算机编程与 Python 概述

计算机编程——通常被那些很酷的孩子称为“写代码”——是创建应用程序或软件的艺术。这些程序可以帮我们做很多事情，从解决简单的数学问题和看我们最喜欢的 YouTube 视频（我怎么也看不够斗牛犬跳伞表演），到消灭我们最喜欢的电子游戏中成群结队的外星人，甚至发射一艘真实的宇宙飞船到外太空。

我称计算机编程为“艺术”，因为它的确是一门艺术。只要是你在编程创作时，你就沉浸在这种艺术形式当中了。当然，那些我们在编程时输入到 Shell 中的计算机代码（稍后将详细介绍），在路人看来可能没那么漂亮——你的代码可能也永远不会出现在艺术展览中心。但当你创建的程序完成了它应该完成的任务时，你就会发现，几乎没有什么比这个更神奇了。

好吧，也许跳伞的斗牛犬除外。

计算机程序可以有多种形式和大小。除了你电脑上的应用程序和游戏机上你最爱玩的那些游戏外，程序还可以以手机上的移动应用的形式存在。你甚至可以找到控制冰箱、你妈妈的小货车、甚至是烤箱这样的简单物品的程序。

更有甚者，你还可以利用程序控制机器人或机器人军团。

这些我们稍后再详细讲。

现在，你要知道的是，计算机程序是使用编程语言创建的一组代码，它能告诉设备去执行一组指令。

1.1 编程语言概述

如前所述，计算机程序是使用一种编程语言编写的。就像你、我和世界上其他人每天所说的语言一样，计算机语言也有各种各样的形式和风格。对专业人员来说，大多数编程语言都是有意义的，但如果一个编程菜鸟想在日常对话中使用这些语言，那么他说的话听起来就会像一个疯疯癫癫的人在胡言乱语。对话可能是这样的：

正常人：Hello，你好吗？

开发者（你）：Print I am fine! Input, how are you?

幸运的是，计算机能够流利地使用编程语言（这在一定程度上要感谢我们的编译器朋友——后面会详细介绍！），而且可以很容易地理解你输入的最复杂的句子。

在本书中，我们将介绍最通用且又易于学习的语言之一：Python（蟒蛇）。尽管这个名字听起来很吓人，事实上，这种语言根本不是以爬行动物命名的，而是取自英国的一部古老的电视喜剧 *Monty Python and the Flying Circus*。

这是你的第一个作业：去问问你父母关于那部喜剧的事。一会儿见！

哦，你回来了。太好了。听完你有什么感想吗？可能没有。没关系，你不需要通过了解复杂的英国喜剧来使用本书学习如何编程。你所需要的只是一个学习的愿望、一台电脑，以及你面前的这本书。

1.2 Python 概述

Python 是一种高级的、动态的、解释型的、面向对象的编程语言。虽然这一切听起来有点吓人，但不要害怕！在学完本书后，你将能够用比上面的句子更令人生敬的描述来震惊你的朋友！这句话真正的意思是，Python 不是一种底层的机器级语言，因此，它需要一个“解释器”来把它“编译”成机器语言，以让计算机理解你要告诉它的内容。

这个解释器会把你的代码转换成计算机可以理解的一连串的 1 和 0。所有这些都是在后台发生的，所以如果你还没有完全理解的话，也不要担心。

Python 是一种相对较新的编程语言，创建于 20 世纪 80 年代后期。创建这种语言的人是一个名叫 Guido van Rossum 的计算机天才，他被授予了一个奇特荒谬的头衔：“仁慈的独裁者”㊀。与技术一样，编程语言在不断发展，Python 也不例外。这些年来，它已经经历了好几个版本，目前最新版本是 Python 3。

㊀ “仁慈的独裁者”是指 Python 之父 Guido van Rossum 在 Python 开发上享有监管权和决定权。——译者注

1.3 Python与其他编程语言有什么不同

Python与其他编程语言有很多重要的区别。对于初学者来说，Python通常比同一类型的语言（如Java和C++）更容易学习和使用。用Python创建程序所花费的时间更少，因为它需要的代码更少（一般来说）。这在一定程度上归功于Python的数据类型——我们将在第2章详细介绍这个术语。

Python也非常灵活。虽然它可能不是某些领域的首选语言，但它几乎可以用于开发所有领域的应用程序，包括游戏、桌面软件、移动应用程序，甚至虚拟现实应用。它也是网络编程和计算机安全工具箱中的必备工具。

1.4 Python的优点

Python是目前世界上使用最多的编程语言之一，也是发展最快的语言之一。理由很充分。以下是Python让开发者受益的几个方面：

- 提高生产力。一些报告显示，Python可以提高开发者的生产力（即在给定的时间内可以完成多少工作）多达10倍！
- 可扩展性。Python的一大优点是它的可扩展库数量非常庞大。库是可以直接添加到程序中的一组现有代码。这些库涵盖了常用的功能，你可以直接使用这些库，而不必自己反复编写代码。例如，不必编写一段代码来执行一个复杂的数学方程，你可以使用一个库来解决这个问题。
- Python可读性强。作为一个开发者，有时你会面临代码不能运行的情况。当这种情况发生时，可能需要重新阅读你写的代码（或者更糟的是，要重新阅读其他人写的代码）以尝试找出程序为什么不能正常运行。幸运的是，Python易于阅读，甚至大部分文字你一眼就能看懂。这使得相比于一些复杂的语言而言，查找Python代码中的问题容易得多。
- 可移植性。Python可以在许多平台和系统上运行，这意味着你的程序可以有更广泛的受众。
- 物联网（IoT）。物联网听起来像是一个充满数字怪兽的神奇世界，在某些方面，它确实是这样的。你在日常生活中使用的一些智能产品——电灯开关、门把手、烤面包机、烤箱、家用电器等，都属于物联网。这些家用电器可以通过语音指令或移动设备进行控制，使它们比原来的家电更具交互性。我的意思是，以前你的父母总是对着洗碗机大喊大叫——但它能听见吗？现在，感谢物联网和像Python这样的语言，它可以听见了！当然你还是要把盘子亲自放进去，这是必须的！

- Python 框架。框架就像程序的骨架，它们允许你快速地为某些类型的应用程序建立基础，无须开发软件中的通用部分。这为开发者节省了时间，并减少了手动编写代码时可能出现的错误。Python 支持大量的框架，这些框架可以使编写一段新程序变得非常快！
- Python 很有趣。Python 是一门有趣的语言。如前所述，不仅上手起来很容易，而且 Python 社区还会举办许多有趣的活动和挑战。例如，许多人以诗歌的形式编写他们的 Python 代码，以及每年都会发布许多 Python 挑战来帮助开发者测试自己的技能。
- Python 的灵活性。因为 Python 有众多的应用场景，而且世界上有非常多的公司都在使用它，所以学习 Python 之后找工作比学习其他语言之后要容易。此外，如果你不喜欢某个领域，还可以使用 Python 技术尝试不同的职位。例如，如果你发现编写应用程序很无聊，还可以转到网络管理岗位或去 IT 安全公司工作。

这些还只是 Python 能给你带来的好处和优势的一小部分。

1.5 Python 的使用者

虽然不可能确切地说出世界上有多少公司在使用 Python，但是有许多有趣的企业正依赖于这门语言。以下只是其中的一小部分：

- Google：这个搜索引擎巨头从一开始就使用 Python，部分原因是开发人员可以用它快速地构建程序，也因为 Python 代码很容易维护。
- Facebook 和 Instagram：虽然 Python 不是这两个社交媒体平台所使用的唯一语言，但它是最重要的语言之一。Facebook 使用 Python，部分原因是它有大量的库。Instagram 则是因为它是 Python 最主要的 web 框架之一 Django 的坚定支持者。我们将在本书后面详细介绍 web 框架。
- Netflix：如果你是在线电影的粉丝，那么你应该对 Netflix 不陌生。该公司使用 Python 主要是出于其数据分析功能和保障安全的目的——当然还有其他方面。
- 电子游戏：《战地 2》和《文明 4》都是基于 Python 的电子游戏。有趣的是，《文明》还使用 Python 来编写人工智能（AI）脚本。
- 政府机关和机构：包括美国国家航空航天局、美国国家气象局和美国中央情报局在内的政府机关和机构都使用 Python，尽管如何使用 Python 是机密！

1.6 你的第一个 Python 程序

现在，你可能想知道 Python 代码是什么样的。好吧，不要担心！我将向你展示一个示例代码。稍后，等你的计算机上安装好 Python 和 IDLE 之后，就可以亲自尝试并执行（或运行）代码来查看它的实际运行情况。我认为在深入研究这门语言之前先尝试一下是个不错的选择。

按照传统，当开发者编写第一行代码时，他们会创建一个名为“Hello, World”的程序，向编程世界委婉地介绍自己。然而，作为初露头角的超级英雄或者反派角色（这里没有评判），我们需要一些更炫的东西。

看，你的第一个 Python 程序！

```
print("Look up in the sky! Is it a bird? Is it a plane?")
print("Dun dun dun dun dun dun dun dun dun dun dun dun dun dun dun")
print("No you dummy. That's just some guy flying around in his pajamas. Now
get back to work!")
```

如果你运行这段代码，结果将是：

```
Look up in the sky! Is it a bird? Is it a plane?
Dun dun dun dun dun dun dun dun dun dun dun dun dun dun dun dun

No you dummy. That's some guy flying around in his pajamas. Now get back
to work!
```

我们来仔细地研究一下这段代码。print() 称为打印函数，在本例中，它的工作是让计算机向用户屏幕打印一些内容。括号 () 之间的文本是我们提供的函数参数，引号 "" 之间的字符称为字符串。

不要担心，我们还没有弄清编程世界中的所有概念（将在第 2 章详细讨论这个话题）。现在，只要知道这就是 Python 代码的样子就可以了。很可能在我告诉你之前你就能准确地说出这个程序的功能，这正是 Python 如此伟大的原因之一——可读性！

1.7　安装 Python

在本节中，我们将学习如何在各种操作系统上安装 Python。操作系统是一套让你与计算机交互的软件。你可能熟悉一些比较流行的系统，比如微软的 Windows（如果你有一台 PC）和 Mac OS X（如果你有一台苹果电脑）。安装的 Python 版本将取决于你的计算机操作系统。此外，我们还将学习如何在 Linux 和 Ubuntu 系统上安装 Python。

1.7.1　在 Windows 上安装 Python

首先，打开一个浏览器并导航到 Python 官方网站，然后转至其下载页面：www.python.org/downloads/（图 1-1）。

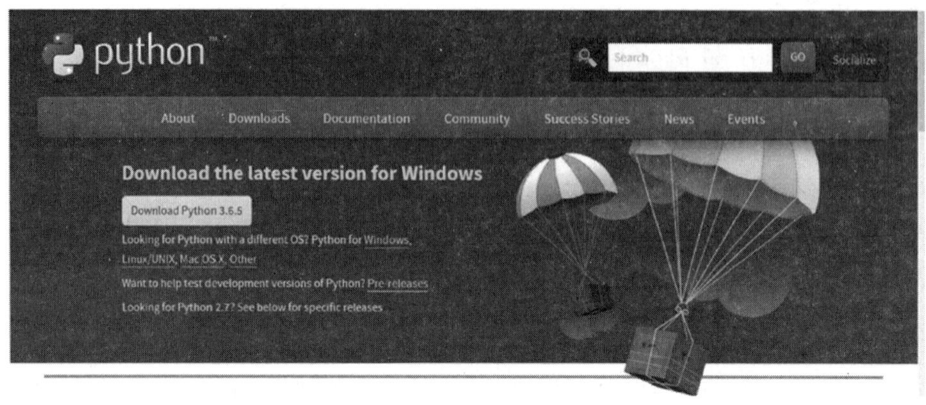

图 1-1 Python 官网

在本书写作时，Python 是 3.6.5 版本。当你读这本书的时候，版本可能会更高。无论如何，点击“Download the latest version for Windows”标题下的“Download Python”按钮。你也可以向下滚动以下载之前的版本（只要确保它们是 3.X 或更高版本就可以了，因为 2.X 版本和 3.X 版本之间存在不兼容的问题），但是，出于阅读本书的需要，你最好使用 3.6.5 或更高版本。

接着将会出现一个画面询问你是否要保存文件。单击“保存”（图 1-2）按钮将其保存到你的桌面或容易记住的地方。

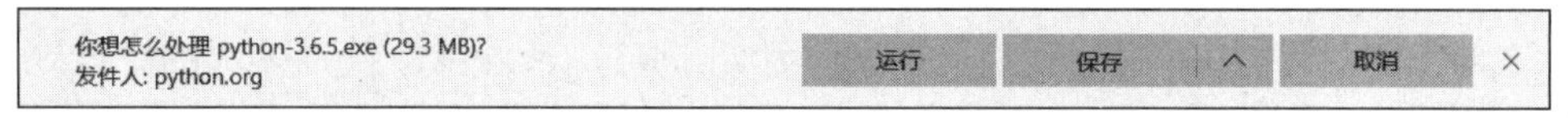

图 1-2 保存 Python 安装文件对话框

图 1-3 Python .EXE 安装文件图标

在你的桌面（或你保存文件的位置）双击它，它应该与图 1-3 中的图片类似。

安装程序将启动并询问你是否希望“Install Now”（现在安装）或“Customize Installation”（自定义安装）。方便起见，我们选择“Install Now”。但是，在单击该按钮之前，请确保选中了“Install launcher for all users”（为所有用户安装启动程序）和“Add Python 3.6 to PATH”（将 Python 3.6 添加到 PATH 中）两个选框。然后单击“Install Now”选项（图 1-4）。

你可能会接收到一个弹出窗口，询问继续安装的权限。若如此，则允许程序继续。之后将出现一个新的弹窗，显示安装进度（图 1-5）：

安装完成后，你将看到如图 1-6 所示的提示。单击“Close”按钮完成安装。

图 1-4　Python 安装窗口

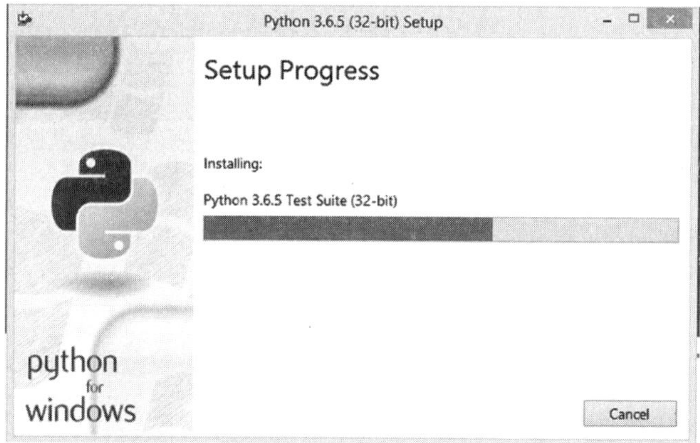

图 1-5　Python 安装进度

图 1-6　Python 安装成功窗口

现在你的计算机应该已经安装好了 Python。你可以在“开始”菜单中找到它，标签是 Python 3.6（或者你安装的其他版本）。当你启动 Python 时，首先看到的是 Shell，它是开发环境的一部分，你可以在其中编写、测试、运行代码并创建 Python 文件。图 1-7 显示了 Python Shell 启动后的样子。

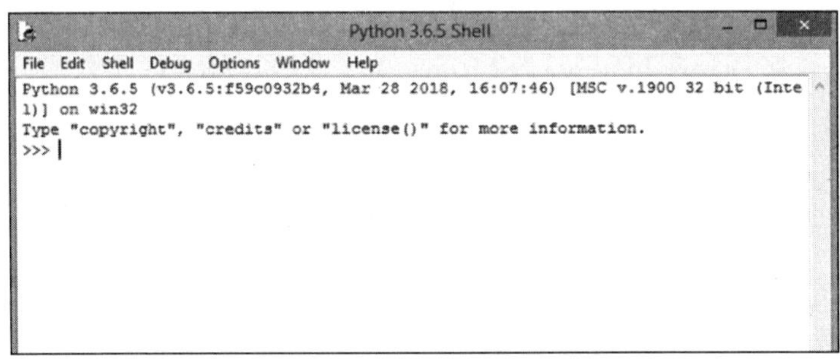

图 1-7 Python Shell 窗口

在这个 Shell 窗口的顶部，可以看到 Python 的当前版本和一些其他信息。你还会看到三个大于符号或箭头（>>>）。这些称为命令提示符，你将在这里对 Python 输入指令。

准备好投入其中了吗？让我们输入一些简单的代码，看看会发生什么！在命令提示符后输入以下内容：

```
print("Look up in the sky! Is it a bird? Is it a plane?")
```

完成后，按 Enter 键，应该会看到如下结果（图 1-8）：

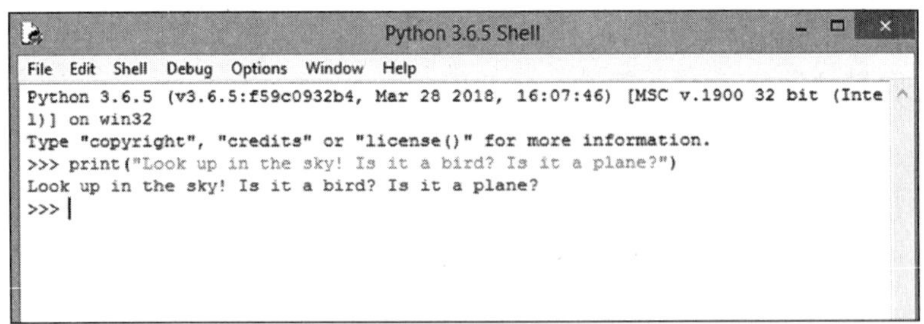

图 1-8 在 Python Shell 中编写的示例代码

如果没有看到结果，重新检查代码，确保拼写正确，并记得添加括号 () 和引号 ""。

我们直接编写在 Shell 中的代码会实时运行。在这个例子中，它运行了一行代码，这一行代码告诉计算机在屏幕上打印一行文本。

实际情况下，我们更希望可以创建 Python 文件来编写代码，这样保存后可以方便以后使用，避免了每次运行程序时都要重新编写数千行代码的麻烦。

幸运的是，Python IDLE 允许我们轻松地创建 Python 文件，即以 .py 结尾的文件。你只需单击 File（文件），然后单击 New File（新文件）即可（参见图 1-9、图 1-10 和图 1-11）。

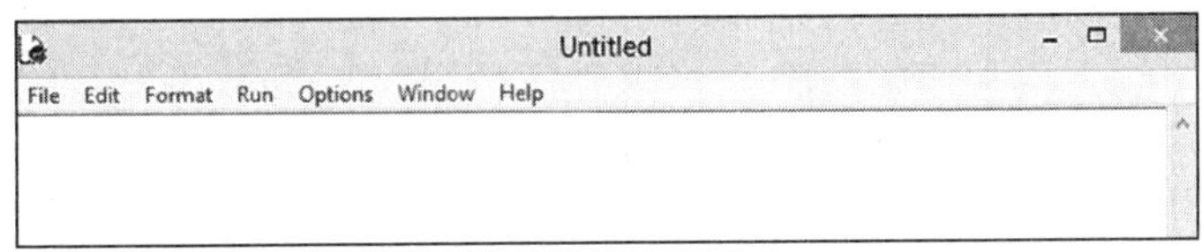

图 1-9　创建一个新的 .py 文件

这样会弹出一个新窗口。在这里，你可以编写代码并将其保存，方便以后使用。也就是说，让我们输入刚才使用的示例代码，然后单击 File（文件），选择 Save（保存）。

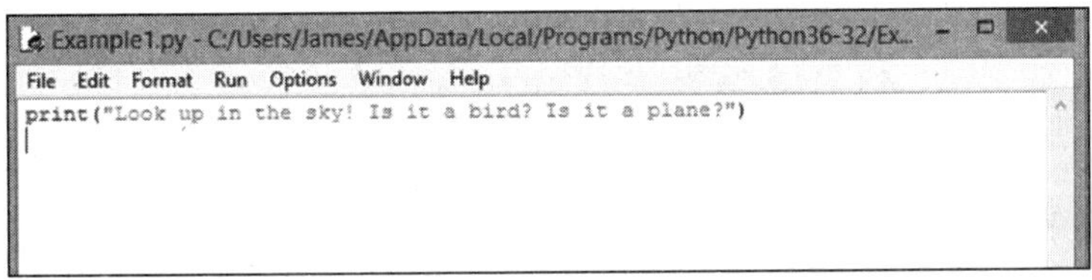

图 1-10　在一个 .py 文件中编写的示例代码

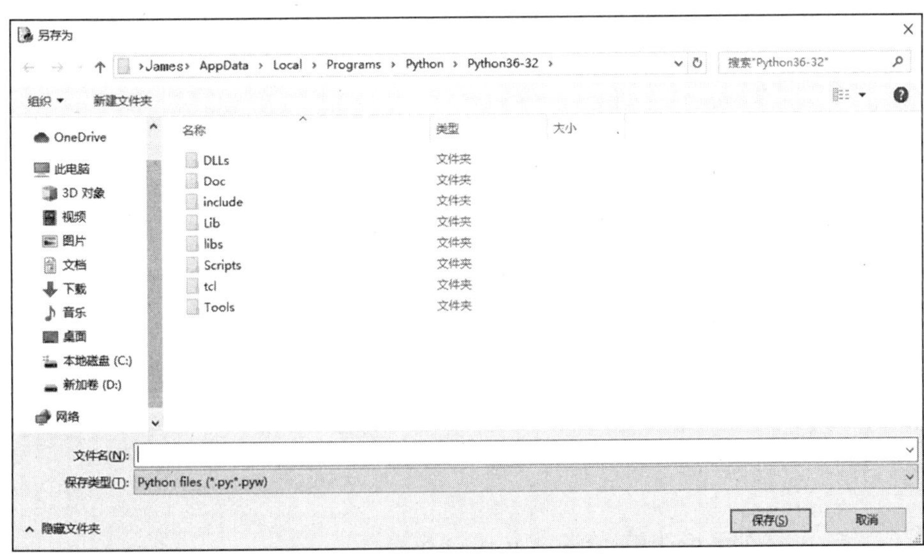

图 1-11　显示 Python 目录的保存对话框

输入文件的名称并单击保存按钮来完成文件的创建。出于阅读方便，简单起见，我们将文件命名为 Example1.py。

这就是你创建的第一个真实的 Python 程序。要运行此程序，请单击 Run，然后选择 Run Module。你的程序将在 Python Shell 中执行！（图 1-12）。

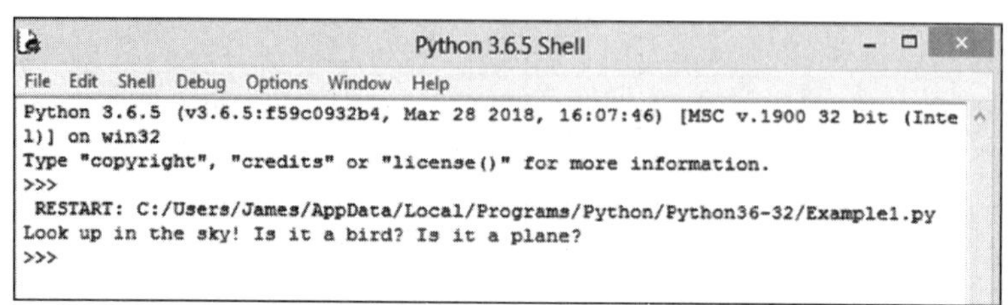

```
Python 3.6.5 (v3.6.5:f59c0932b4, Mar 28 2018, 16:07:46) [MSC v.1900 32 bit (Inte
l)] on win32
Type "copyright", "credits" or "license()" for more information.
>>>
 RESTART: C:/Users/James/AppData/Local/Programs/Python/Python36-32/Example1.py
Look up in the sky! Is it a bird? Is it a plane?
>>>
```

图 1-12 在 Python Shell 中的运行结果

现在，让我们总结一下：还记得我们在本章开头编写的第一个程序吗？让我们将其输入到 Example1.py 文件中，完成后单击 Save。下面是代码：

```
print("Look up in the sky! Is it a bird? Is it a plane?")
print("Dun dun dun dun dun dun dun dun dun dun dun dun dun dun dun dun")
print("No you dummy. That's just some guy flying around in his pajamas. Now
get back to work!")
```

保存好文件之后，单击 Run 并选择 Run Module，可以看到代码的完整运行结果！（图 1-13）。

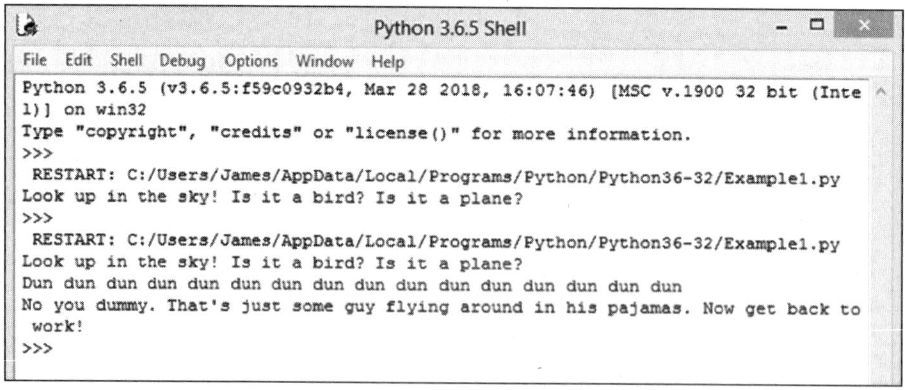

```
Python 3.6.5 (v3.6.5:f59c0932b4, Mar 28 2018, 16:07:46) [MSC v.1900 32 bit (Inte
l)] on win32
Type "copyright", "credits" or "license()" for more information.
>>>
 RESTART: C:/Users/James/AppData/Local/Programs/Python/Python36-32/Example1.py
Look up in the sky! Is it a bird? Is it a plane?
>>>
 RESTART: C:/Users/James/AppData/Local/Programs/Python/Python36-32/Example1.py
Look up in the sky! Is it a bird? Is it a plane?
Dun dun dun dun dun dun dun dun dun dun dun dun dun dun dun dun
No you dummy. That's just some guy flying around in his pajamas. Now get back to
 work!
>>>
```

图 1-13 另一个在 Python Shell 中运行的 .py 文件示例

1.7.2 在其他操作系统上安装 Python

虽然书中的代码都可以在任何计算机上运行，但 Python 的实际安装过程却因操作系统的不同而有所不同。本书使用的是 Windows 操作系统。

要在 Mac OS X 上安装 Python，请打开浏览器并导航到 www.python.org/downloads/

mac-osx/。选择“Latest Python 3 Release（Python 3 最新发行版）”链接，并按照说明和提示完成配置和安装。

要在Unix/Linux系统上安装Python，请打开浏览器并访问www.python.org/downloads/source。单击“Latest Python 3 Release（Python 3 最新发行版）”链接，并按照说明完成配置和安装。

1.8 本章小结

在这一章中，我们显然涉及了很多的内容，但与后面章节中所要深入的内容相比，本章简直是小巫见大巫！这里有一个简短的列表（如果你愿意叫它总结的话），内容是到目前为止我们讨论过的东西（嘿，我们现在是编程英雄，我们也必须说行话！）

- Python 是一种编程语言，它可以编写计算机程序、移动设备应用程序、电子游戏、人工智能系统、物联网（IoT）设备应用程序、基于 web 的应用程序甚至虚拟现实 / 增强现实（VR/AR）程序。
- 程序或应用程序是一组代码，它允许你向计算机或设备发出一组要执行的指令。
- 了解 Python 的开发者可以从事编程、网络管理、IT 安全、电子游戏开发、移动应用程序开发、法庭计算机科学等方面的工作。
- Python 可以跨多种平台工作，包括 Windows PC、苹果电脑、移动设备、Unix/Linux 系统的计算机等。
- Python 可以通过一组称为“ethical hacking”（道德黑客）的工具模块来防止黑客攻击。
- IDLE 表示集成开发环境，它是我们创建 Python 代码和文件的地方。
- Python 创建的文件以扩展名“.py”结尾。
- 在撰写本书时，Python 的版本是 3.6.5。如果你正在阅读本书，一定要使用这个版本或更高的版本。
- print() 函数的作用是将文本打印到用户的屏幕上。例如，print("Hello Wall!") 是将文本：Hello Wall! 打印到电脑屏幕上。
- 全球许多组织和公司都在使用 Python，包括 Facebook、Google、Snapchat、NASA、CIA 等！
- Python 是世界上使用最多、增长最快的计算机编程语言之一。

Chapter 2 第2章

语法基础

现在假装我们都穿上了“斗篷”和超级英雄服装（即我们已经安装 Python 并学习了如何使用 IDLE），是时候该对我们新的超能力进行测试了！第一个反派是谁呢？是数学。

我知道，这不是最令人兴奋的话题。至少，乍一看不是。然而问题的实质是数学，更重要的是，数学函数是编程世界至关重要的东西。没有数学，我们将不能让计算机和移动设备做任何漂亮事儿了。这样也就不会有电脑游戏，不会有太空飞船，更不会有帮我们打扫房间的机器人了。

甚至可以说，如果没有数学，我们的文明都将消失。

因此，本章的学习目标是使用 Python 的一些内置数学函数来处理数学问题并创建一些不同难度的数学方程式。

与在第 1 章中学习的 print() 函数类似，我们将要讨论的数学函数允许我们对数据执行预处理的操作，而不必编写应用程序的公共部分。例如，向计算机解释什么是加法，以及如何进行数字加法（请记住，计算机只能按照我们所说的去做，它仍然无法自己思考——反正现在还不行！），需要数千行代码才可以，而我们无须编写这些代码，我们要做的就是输入一些简单的东西，例如：

```
1 + 1
```

去吧——将其输入到 Python Shell 中。当你这样做时，Python Shell 会尽职地返回答案：2。

Python 生来就拥有进行基本数学运算的功能，Python 中的数学运算和你在学校里学

到的没什么两样 。如果你看到“8/2”，你的大脑知道这个等式包含除法。如果你看到一个符号“+”，它显然是加法，而“-”意味着减法。Python 也理解这些符号，并将根据它们执行数学运算。试着在 Python Shell 中输入：

```
2+2-1
```

在这个实例中，Python 将返回 3，这表明它可以理解常见的数学运算符。Python 中的运算符包括：+、- 和 / 等等。

乘法怎么来表示呢？输入：

```
2×2
```

发生什么了？程序没有像我们预期的那样返回 4。相反，它返回了一个 SyntaxError: invalid syntax 异常。SyntaxError 意味着你在 Shell 或 Python 文件中输入的语法（书写规则）出现了错误，导致程序无法正常运行。

换句话说，Python 没法理解你输入的内容。

解决方法也很简单：在 Python 中，乘法运算符不是“×”，而是星号 (*)。要修复 SyntaxError，只需将错误的乘法运算符替换为正确的即可，如下所示：

```
2*2
```

现在，如果你输入该算式，它将返回预期的结果——数字 4。

2.1　运算符优先级

邪恶反派“数学”的超能力之一就是用一些看起来很难理解的概念来迷惑我们。不要畏惧！凭借我们超级英雄的计算能力，即使是数学界最复杂的难题也无法难倒我们。

注意，请勇于尝试！

当 Python 执行运算操作时，我们需要注意运算符的优先级。这只是 Python 按何种顺序解决数学问题的一种花哨说法。某些运算符具有比其他运算符更高的优先级（即它们先执行）。可以想象，这可能会使程序开发人员感到困惑，甚至最老练的高手在输入数学算式时也可能出错。

为了让你更清楚地了解运算符是如何按照优先级工作的，这里给出了一个 Python 中运算符的优先级由高到低的列表，简单来说就是在算式中谁最先被执行。注意：这里有些运算符可能你还不熟悉——现在不要太担心，在本书中我们会详细地讨论它们。

- ** （幂运算）
- * 和 / （乘法和除法）
- + 和 - （加法和减法）

❑ in,not in, is, is not, <, <=, >, >=, !=, ==（这些是比较运算符，它可以将一个值和另一个值进行比较）

❑ not x

❑ and

❑ or

❑ if-else

为简单起见，我们用基本的运算符：*、/、+ 和 -（乘法、除法、加法和减法）说明优先级的问题。在 Shell 中输入以下内容：

```
10+10 * 20
```

在这个算式中，我们想知道的是 10 加 10 乘以 20 的值是多少。通常，我们期望答案是 400，因为第一个值——10 + 10——应该等于 20。然后，我们将答案 (20) 乘以 20，得到 400。但是，当我们在 Shell 中输入代码时，会得到一个令人惊讶的结果，如图 2-1 所示。

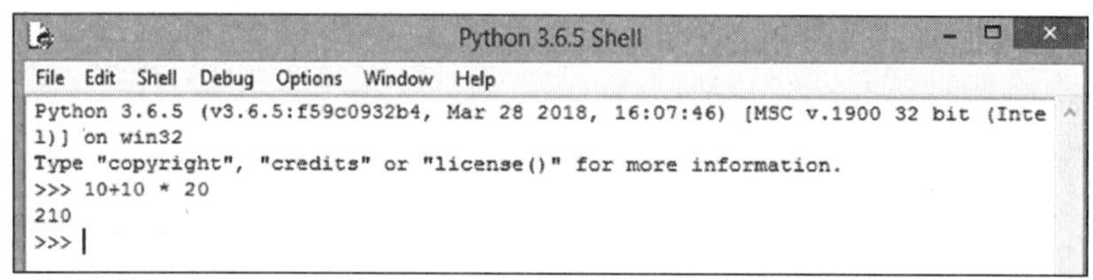

图 2-1 运算符优先级示例

你的第一个想法可能是：Python 不擅长数学？答案怎么会是 210 ？这是因为运算符优先级。记住，在我们的运算符优先级列表中，乘法排在加法之前。因此，Python 首先进行乘法运算，然后进行加法运算。在这个例子中，Python 是这样看待我们的算式的：20 * 10 + 10。

看到这些，我知道你正在想什么：真是头疼。

乍一看，这似乎令人困惑，但幸运的是，有一个简单的解决办法。我们可以使用括号强制改变 Python 的运算顺序（哪部分加括号哪部分就先执行）。这有两个效果：首先，它确保 Python 先执行我们想要的运算，并且不会混淆我们的优先级。其次，它可以让其他程序员一目了然地理解你的算式。

来试一试吧。在 Shell 中输入以下内容：

```
(10+10) * 20
```

如图 2-2 所示，现在我们得到了想要的结果。通过将“10+10”放在括号内，告诉 Python 和其他程序员，我们打算先执行算式的这一部分（参见图 2-2）。

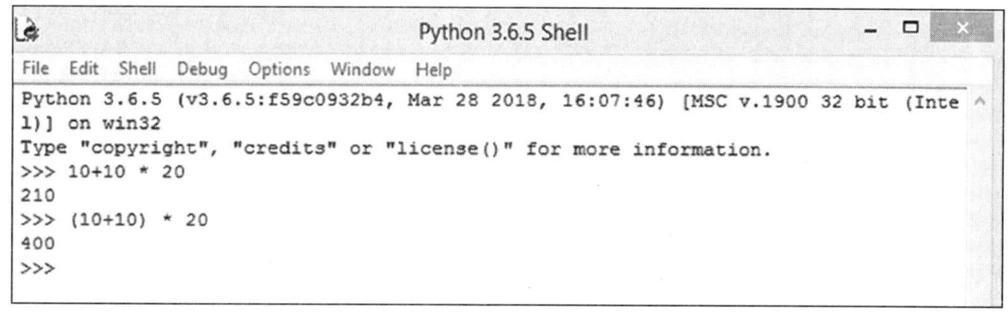

图 2-2 使用括号强制排序的运算符优先级示例

为了让事情更复杂一点，我们还可以做一些称为嵌套的事情。也就是说你可以把圆括号放在其他圆括号内，进一步告诉计算机应该按什么顺序执行运算。在这种情况下，最里面的括号先求值，然后是外面的，最后是其余部分。看下面的内容：

((10+5) * 10) / 2

如果你把这个算式输入到 Python 里，它会按照以下的顺序执行计算：

- 10+5 等于 15
- 15*10 等于 150
- 150/2 等于 75

而如果不使用括号，Python 会这样理解：

- 10 + 5 * 10 / 2

或者

- 10/2 等于 5
- 5*5 等于 25
- 25+10 等于 35

再次说明，因为 Python 在处理运算符优先级时，执行加法和减法之前会先执行乘法和除法。

因此，为了避免混淆，在执行简单数学以外的任何操作时，都要使用括号。

2.2 数据类型：了解你的敌人

超级反派有各种各样的性格和脾气。有邪恶的科学家，一心想用死亡射线和转基因大猩猩毁灭世界；还有绿色的恶魔，他们肌肉发达，怒气冲冲，原因是……嗯，没有什么好原因。还有些人即使没听笑话也会一直笑个不停。

作为一个初出茅庐的超级英雄，你需要知道，这些成千上万的反派很难被归为一类。

比如M先生是一个超级聪明的人，却有着一连串奇怪的行为。再比如神秘的斯蒂芬·金刚[⊖]——一半是大猩猩，一半是恐怖小说家——他到底是什么物种？他怎么能用大猩猩的指关节写这么多书？

这些不同的人，如何归类？想想都让人头大。

再比如如果M先生恢复正常了呢？还将他归为坏人吗？

幸运的是，有一种方法可以将所有的反派组织起来。这就是所谓的根据某一类本质特征归类。

在Python中，我们也有类似的问题。到处都是各种各样的数据。对初学者来说，我们有数字和文本。更糟的是，我们有不同类型的数字。有普通的数字，有带小数的数字，还有表示时间或金钱的数字。还有些数字是以文字的形式表达的。

幸运的是，在Python中有一个叫作数据类型的东西。你可以定义或分类输入程序中的数据的类型。虽然这似乎是常识（有时确实如此），但事实上，Python只知道你让它知道的，所有的计算机语言都是如此。实际上，所有的计算机语言都有数据类型，就像Python一样，数据类型的概念在你学习其他语言时一样会学到。

我们将在本书中讨论几种数据类型，但在本章中，我们将集中讨论一种特定的数据类型：数字类型。

一般来说，Python将数字识别为数字类型，但是，正如你想的那样，并不是所有的数字都是数字类型。为了简单说明问题，现在你先要知道任何你看到的整数或者没有小数点的数字都称为整数类型。整数类型包括0、2、5、10、100、1000、1032等数字。

来试试下面的代码：

```
print(122)
```

你的结果应该是这样的（参见图2-3）：

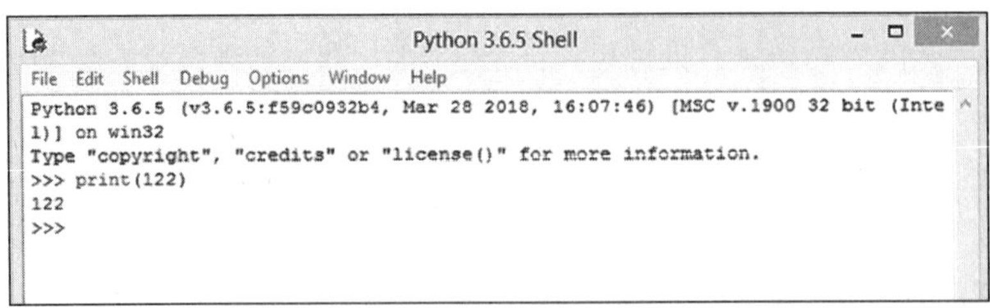

图2-3 打印一个整型数字

正如你所知道的，整数类型不仅仅可以打印到用户屏幕上，也是我们可以进行运算

⊖ 此名字是作者将著名恐怖小说家斯蒂芬·金和经典电影角色金刚（一只巨大无比的猩猩，出自同名电影《金刚》）合体杜撰而成。——译者注

的。让我们试试下面的代码：

```
print(5/2)
```

当运行这段代码时，将会发生有趣的事情，如图 2-4 所示：

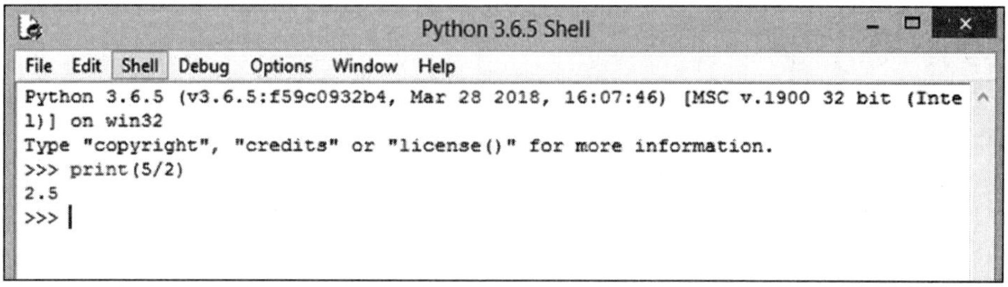

```
Python 3.6.5 Shell
File Edit Shell Debug Options Window Help
Python 3.6.5 (v3.6.5:f59c0932b4, Mar 28 2018, 16:07:46) [MSC v.1900 32 bit (Inte
l)] on win32
Type "copyright", "credits" or "license()" for more information.
>>> print(5/2)
2.5
>>>
```

图 2-4　在 print() 函数中执行数学运算

尽管我们是对两个整数进行数学运算，但返回的数字不符合整数类型的条件。当一个数字有小数时，它就不再被认为是整数数据类型了，而是一个浮点数类型。

正如我们可以进行整数的运算一样，我们也可以进行浮点数的运算。看图 2-5 中展示的例子：

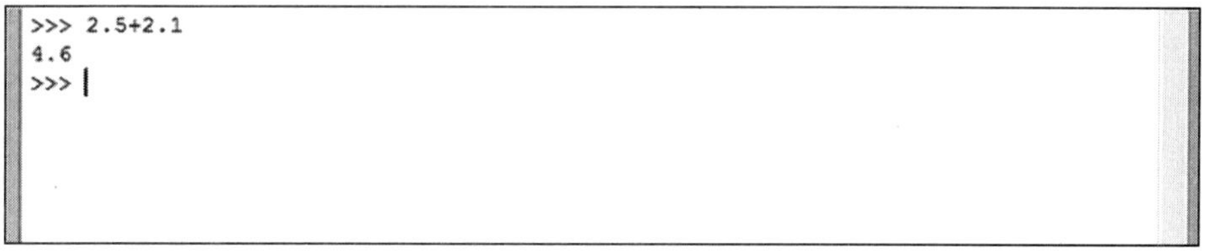

```
>>> 2.5+2.1
4.6
>>>
```

图 2-5　一个浮点数据类型

当一个浮点数和另一个浮点数相加时，即使相加的结果看起来是一个整数，但实际上这个结果的类型是浮点数类型。例如，如果我问 2.5 + 2.5 的结果，你可能会回答：5。让我们看看 Python 是怎么说的：

从图 2-6 中可以看到，Python 做了一些我们可能没有预料到的事情：它返回了 5.0——一个浮点数。

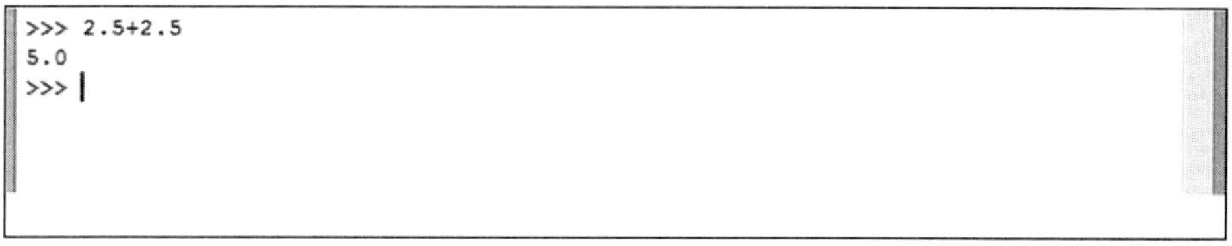

```
>>> 2.5+2.5
5.0
>>>
```

图 2-6　计算两个浮点数

虽然答案正确，但有时我们需要更改数字的数据类型。例如，我们不希望显示小数点或希望对数字进行四舍五入的运算。在这种情况下，一种选择是将我们的数字进行类型转换。

不过，在学习之前，让我们再尝试一件事。当我们对一个整数和一个浮点数执行数学运算时会发生什么？试试下面的代码（参见图 2-7）：

```
print(5 - 2.5)
```

你的结果应该是：

```
>>> 5-2.5
2.5
>>>
```

图 2-7 一个整数减去一个浮点数的结果

任何时候对整数和浮点数执行数学运算，其结果都是浮点数。

2.3 数字数据类型转换

首先我们要学习如何将整数转换为浮点数。在前面的示例中，我们使用了一个简单的方法将整数转换为浮点数：除法。另一种达到同样效果的方法是使用 Python 的内置函数 `float()`。

使用 `float()` 非常简单——只需将要转换的整数放在圆括号 () 中即可。让我们试一试吧！

```
float(12)
```

如果你在 Python Shell 中输入它，你会得到以下结果：

如图 2-8 所示，结果应该是 12.0（而不是没有小数点的 12）。

```
>>> float(12)
12.0
>>>
```

图 2-8 把整型转换成浮点型

为了进行反向操作——将浮点数转换为整数——我们使用了 Python 的另一个超级有

用的内置函数。看呐，int()！

int() 函数的工作原理与 float() 相同。只需在括号中输入你希望转换的数字，然后 Python 就会完成其余的工作。试一下：

```
int(12.0)
```

这将返回：

```
>>> int(12.0)
12
>>>
```

图 2-9　把浮点型转换成整型

如图 2-9 所示，我们把一个浮点数——12.0——删除小数点转换为了整数 12。

如果浮点数小数点后不是 0 呢？让我们用一个简单的测试来找出答案。在你的 Python Shell 中输入：

```
int(12.6)
```

当按下回车键时，你将得到结果：12。为什么不是 13 呢？当你将浮点数转换为整数时，Python 会删除和忽略小数点后的所有内容。如果你想向上取整（或向下取整），就要使用另一个函数，我们将在本书后面介绍。

我们可以进行许多数据类型间的转换，这些将会在本书剩余部分中介绍。现在，请为自己鼓掌！你已经为自己添加了两个新的超能力：int() 函数和 float() 函数！

2.4　什么是变量

到目前为止，我们已经学习了一些基本的数学运算符和一些可以转换数据类型的函数。然而，为了拥有真正的力量，我们还需要学习一种称为变量的秘密武器。

有几种简单的方法可以使变量更容易理解。一种方法是把它们想象成一个盒子，你在里面存储一些东西。在我们的例子中，我们存储的是数据。这些数据可以是数字，可以是文本，可以是货币值，可以是你家狗的名字，可以是一段文字，也可以是你秘密基地的安全码。

在 Python 及其他编程语言中，变量可以为许多函数服务。变量的最大用途之一是存储信息，这样我们就不必不断地反复输入信息。例如，你可能有一长串经常使用的数字，可以将它存储在一个变量中，然后调用该变量，而不是每次需要时都输入一串很长的数字。

要使用变量，只需给它一个名字，然后赋给它一个值。例如：

```
a = 8675309
```

这段代码创建一个叫“a”的变量，然后给它赋值，在本例中赋的值为 8675309。

当然，存储数据是一回事，使用这些数据又是另一回事。继续，让我们创建一个简单的程序，在两个变量中分别放入数据，然后将其打印到用户屏幕上。还记得如何创建一个新的 Python 文件吗？在 Python Shell 中，单击 File，然后单击 New File，将会弹出一个新窗口，在新窗口中输入以下代码：

```
a = 500
b = 250
print(a)
print(b)
```

接下来，单击 File，然后单击 Save。将文件命名为 VariableTest.py。要查看代码的运行结果，请单击 Run，然后单击 Run Module。

代码将在 Python Shell 中运行，如图 2-10 所示。

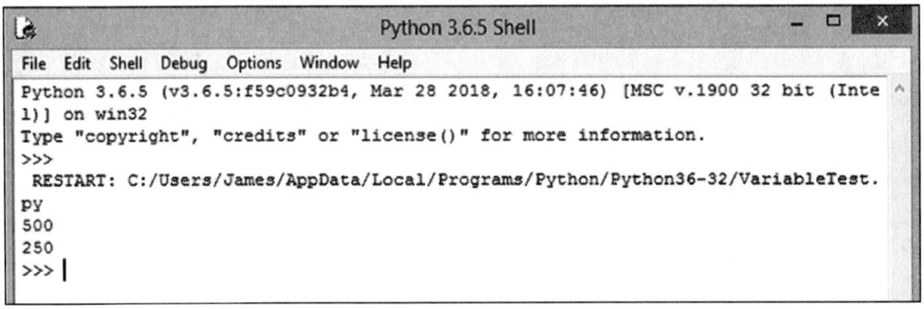

```
Python 3.6.5 Shell
File  Edit  Shell  Debug  Options  Window  Help
Python 3.6.5 (v3.6.5:f59c0932b4, Mar 28 2018, 16:07:46) [MSC v.1900 32 bit (Inte
l)] on win32
Type "copyright", "credits" or "license()" for more information.
>>>
 RESTART: C:/Users/James/AppData/Local/Programs/Python/Python36-32/VariableTest.
py
500
250
>>> |
```

图 2-10　打印两个变量的值

可以看到，程序中我们给变量 a 赋值 500，然后给变量 b 赋值 250。然后，使用 print 函数，打印出两个变量的值。

说真的，打印变量的值真的很无聊。然而，打印并不是我们能对变量做的唯一一件事。现在来点有趣的吧。让我们修改 VariableTest.py 的代码。添加代码到文件中，添加后的代码如下：

```
a = 500
b = 250
print(a)
print(b)
print(a+b)
```

保存文件，然后再次运行以查看结果，结果应该和图 2-11 一样。

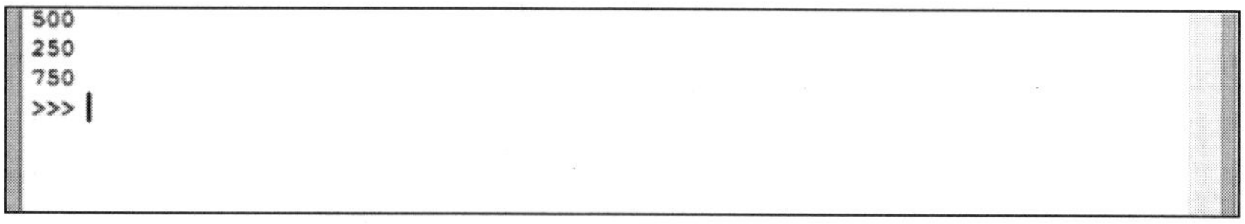

```
500
250
750
>>> |
```

图 2-11 打印两个变量和二者相加的结果

在这里，我们创建了两个变量并为它们赋值，与前面一样，我们也把它们打印出来。然而，这一次我们还对它们进行一些计算并打印结果。print(a +b) 行的代码告诉 Python 打印 print() 函数括号 () 中的内容——在本例中，我们说的是打印算式 (a) + (b)，即 750。

注意，这不会改变变量“a”或“b”中的值——只是使用它们进行了数学运算。要更改变量的值，我们有几种不同的选择。让我们创建一个新文件并将其命名为 VariableChange.py。输入下列代码：

```
a=500
b=250

a=a+b

print(a)
```

运行代码查看结果，如图 2-12 所示。

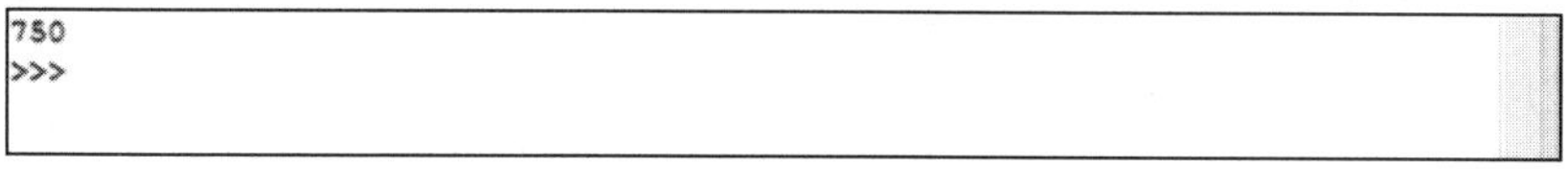

```
750
>>>
```

图 2-12 将两个变量相加的结果赋给一个变量

发生了什么呢？首先，我们命名了变量“a”和“b”并分别赋值。然后我们将两个变量的值相加，并把算式运算结果重新赋值给变量“a”。最后，我们输出变量“a”来显示新值，即 750。

当我们输入 a= 时，是告诉 Python 将“a”的值改为等号（=）后面的值。然后 Python 将“a”和“b”相加并赋回给“a”。等号（=）称为赋值运算符。

如果不想改变变量“a”的值，我们也可以创建一个全新的变量。让我们修改 VariableChange.py 中的代码，如下：

```
a=500
b=250

c=a+b

print(c)
```

这一次，我们没有改变“a”的值，而是创建一个新变量“c”，并赋予它“a”+“b”的值，然后打印出“c”的值。

2.5 超级英雄生成器 3000

现在我们已经有了一些代码经验，让我们来构建在本书末尾要创建的程序的基础吧。这是一个超级英雄生成器程序，允许用户创建英雄（或反派），并具有随机生成的角色名称及其各项数据。

下面的一些代码是为了向我们的程序中添加字符串，这些将在第 3 章中详细讨论。现在，我们仅将此字符串作为标签，这样你应该能理解这些代码。

每个英雄都有一定的身体和心理特征。如果你以前玩过角色扮演游戏，你应该很熟悉这个概念。如果没有，不用担心！看看你周围的人，观察他们。例如，你的体育老师可能有肌肉，而且身材很好。这意味着他比你的科学老师更有力量和耐力。

你的科学老师可能比你的体育老师更聪明，这意味着他有更多的聪明才智。让我们从这些属性开始，制作出前四个属性，当然之后我们可以继续添加更多数据进来。

为了确定每一项的值，需要分配一个从低到高的范围。现在可以使用 0 ～ 20 这个范围，0 表示低，20 表示高。所以，如果我们讨论的是力量，那么 0 就是非常弱的，20 就是大力士。平均值是 10。

同样，对于智力，我们可以说 0 是一个门把手（因此有了“笨得像门把手”这个短语），20 是阿尔伯特 · 爱因斯坦。谁的智力是 10 左右的话，可以认为其智商平平。

现在，我们可以让玩家设定他们自己的属性分数，但是，我们知道每个人都会把自己的属性分数设为 20，让自己成为世界上最强壮、最聪明的人。虽然那确实完美地定义了你和我，但普通人是达不到那样的高标准的。

所以，我们要做的是将这些属性的高中低值随机分配给角色。Python 能够非常容易地使用 `random()` 函数来生成随机数。

使用 `random()` 函数与其他函数稍有不同，使用前必须先将 random 模块导入到 Python 中。我们用一行简单的代码导入：

```
import random
```

`random()` 函数的工作原理与其他函数一样，你可以将参数传入到括号中。创建一个名为 RandomGenerator.py 的新文件，并输入以下代码：

```
import random

strength = random.randint(1,20)

print(strength)
```

在这段代码中，我们首先导入 random() 模块，然后创建一个名为“ strength”的变量。关于变量命名有一点需要注意，在编程的世界里有一种叫作命名规范的东西。这意味着在命名时，你应该遵循一定的规则。当你给变量命名时，我们希望它的名字能让你或其他程序员一看就知道变量中保存的数据类型。例如将一个变量命名为“ a”不会给我们提供太多信息，但将其命名为“ strength”就可以准确地告诉我们这个变量中的数据的用途。

如果变量名中有多个单词，就把它们连接成一个单词，并将第二个单词的第一个字母大写。例如：如果变量名为“ Hero Strength”，我们就将其命名为 heroStrength；如果是“Hero Strength Stats”，我们就使用“heroStrengthStats”这个变量名。

第二条法则是尽可能地保持简短。记住，变量是用来节省写代码的时间的，所以过长的名字不能达到这个目的。

继续看代码……

在创建变量“ strength”后，我们希望为它赋值。代码的后一部分是调用 random 模块并使用一个名为 randint 的属性。Randint 是 random() 的一部分，它告诉 Python 不仅要生成一个随机数，还得是一个随机整数。括号中的值是随机数的范围。记住，我们希望在 1 到 20 之间随机生成整数，因此，我们输入的值是 (1,20)。

尝试多次运行 RandomGenerator.py 中的代码，你应该每次都得到一个新的随机数。

现在我们已经掌握了随机数的生成方法，让我们添加更多的数据：

```
import random

strength = random.randint(1,20)
intelligence = random.randint(1,20)
endurance = random.randint(1,20)
wisdom = random.randint(1,20)
```

接下来，我们需要将这些值打印到屏幕上进行测试。为此，我们使用一些文本作为标签，然后将每个变量的值打印在各自的标签之后。在你的变量之后添加如下代码：

```
print("Your character's statistics are:")
print("Strength:", strength)
print("Intelligence", intelligence)
print("Endurance", endurance)
print("Wisdom", wisdom)
```

这里我们遇到了 print() 函数的另一种用法。之前使用 print() 打印过数字和变量，现在我们使用一种新的数据类型，称为字符串。字符串就是文本。它可以包含任何字母、特殊字符 (!、@ 、#、$、%、^、&、*、-、+、= 等)，以及任何数字。如果要将其视为字符串，则必须将其置于引号 "" 之间；如果不是，Python 会将其解释为其他东西。现在不要太担心这个——我们将在第 3 章详细讨论它。现在，让我们试验一行代码：

```
print("Your character's statistics are:")
```

这段代码是告诉电脑打印“Your character's statistics are:”到屏幕上。

下一条指令有点不同：

```
print("Strength:", strength)
```

print() 函数做两件事。首先，它打印括号内的字符串：“Strength:”。然后，我们添加一个逗号（，），告诉 Python 的 print() 函数还有更多的内容。接下来，我们打印这个变量的内容——在本例中是变量 strength。注意，变量不能用引号括起来。如果括起来了，那么只会打印单词“strength”本身，而不是名为 strength 的变量的值。

现在，你的 RandomGenerator.py 文件应该是这样的：

```
import random

strength = random.randint(1,20)
intelligence = random.randint(1,20)
endurance = random.randint(1,20)
wisdom = random.randint(1,20)

print("Your character's statistics are:")
print("Strength:", strength)
print("Intelligence", intelligence)
print("Endurance", endurance)
print("Wisdom", wisdom)
```

让我们多运行几次代码。请记住，我们的程序是随机生成数字的，因此每次执行代码的结果都不同。图 2-13 展示了它的样例。

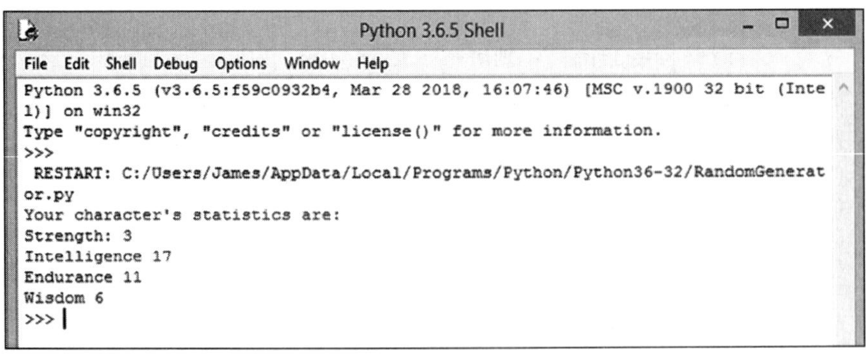

图 2-13 生成随机属性

恭喜你，刚刚创建了超级英雄生成器 3000 程序中的起始部分！

2.6 本章小结

在这激动人心的一章里，我们讲了很多内容。虽然只是初出茅庐，但你的能力正在稳步增长！真正重要的是，你已经迈出了编写代码的第一步，就像个超级英雄一样。

接下来会是什么冒险呢？下一章，我们将着眼于处理文本并继续构建超级英雄生成器 3000 应用程序。我们还将开始记录和注释我们的工作，这是一个强制性的编程实践，如果你希望成为一个伟大的程序员的话！

在继续之前，让我们看看在本章中学到了什么：

- 数据类型：数据类型存在于所有的编程语言中，用于定义程序正在处理的数据的种类。整型（或 int）是整数的数据类型，而 float 是浮点数（或小数）的数据类型。
- 运算符优先级：在执行表达式时，某些运算符优先于其他运算符。
- 运算符：常用的运算符包括 +（加法）、-（减法）、*（乘法）和 /（除法）。
- 赋值运算符：等号（=）称为赋值运算符，它允许你给一个变量赋值。
- 运算规则：执行数学运算的规则称为运算规则。我们可以使用括号来封装在一个算式中优先进行运算的部分。例如，(1+1) * 10 可以确保 1+1 在乘法之前执行，尽管乘法运算符的优先级高于加法。
- 数据类型转换：int() 和 float() 可以分别将浮点数转换为整数和将整数转换为浮点数。
- 变量：变量是数据的存储单元。你也可以将它们看作指向数据位置的标签，但将它们看作可以包含一条信息的盒子可能更容易理解。通过命名变量并使用赋值运算符为它们赋值，就可以得到变量。例如，a = 12。
- 命名规范：命名规范是一个宽松的规则，它有助于让代码变得更简单易懂——对于你和任何未来会阅读你代码的程序员来说都是如此。这称为“最佳实践”。例如，在命名一个变量时，第一个单词首字母要小写，后面的单词的首字母要大写；一定要将多个单词组合成一个单词。例如，socialSecurity 这种命名方式很好，但 Social Security 是错的，它将导致语法错误。此外，也可以尝试使用简短的名称来命名变量，以说明其中的数据是干什么用的。
- random 模块和 randint() 函数：random 是一个用于生成随机数的模块，使用前你必须使用代码 import random 将它导入到你的程序中。想要随机生成一个给定数字范围的整数，例如你希望分别生成从 1 到 20 或 5 到 100 的随机数字，那么就分别输入 random.randint(1,20) 或 random.randint(5,100) 即可。同样地，如果你想要生成从 0 到 20 的随机数，你也必须在代码中写明，例如，random.randint(0,20)。

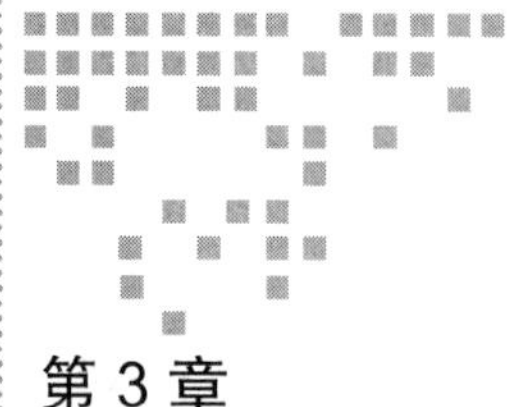

Chapter 3 第3章

字 符 串

欢迎勇敢的英雄回来！关于超级英雄和反派（尤其是反派），你应该知道一件事——他们往往相当忧虑。所幸，这一章是关于提高你的能力，并授予你处理与字符串相关的所有问题的新超能力的。

我们将学习处理和操作字符串的基础知识，包括常见的处理字符串的一些函数和关于字符串数据类型的详细信息，我们还将探讨如何格式化文本和将文本类型转换为其他不同的数据类型。最后，我们会讨论良好文档的重要性，以及如何为代码添加注释，这能为你（以及将来会读到你代码的其他开发者）省去诸多麻烦。

3.1 注释

在我们进一步研究编程语言之前，先来学习一个迄今为止我们已经提到但尚未深入的重要主题。就像正确的命名规范一样，注释——或者说代码文档化的艺术——是成为一个优秀开发者的最佳练习之一。

为代码添加注释有几个原因。首先，开发者不得不经常在他们第一次编写代码之后的某个时期再次更新这些代码。这可能是几天后，几周后，几个月后，甚至是几年后。回顾数千行代码是很费劲的，特别是当你必须确定每个部分的功能时。如果你有一个简短的描述，就更容易找到有问题的地方，之后就可以进行更新。

你应该练习给代码添加注释的另一个原因是，其他开发者可能需要在某个时间点复查你的代码。这些开发者可能是你的老板、你的同事，或者将来需要对你写的东西，甚至是在他们工作之前的东西进行修改的某个人。

最后，有时你会在某个程序中重复使用另一个程序中的代码——我们称之为效率（当然，只要你的公司允许你这样做！）。在这些实例中，如果你对工作进行了注释 / 记录，那么查找你要的代码片段将会变得很快。

开发者留下注释的方式有很多种——每个人都有自己的风格。有些公司可能会要求你用一种非常具体的格式来记录你的代码，而有些公司则会让你自己决定。

还有一件事：在代码中编写注释时，解释器或编译器会暗中忽略它们。这意味着它们的存在根本不会影响你的代码运行结果——除非你使用了错误的注释语法。

在 Python 中，要进行注释，可以使用 # 符号。同一行内，任何出现在 # 后面的内容都视为注释。下面是一个注释的例子：

```
# 这是一段生成随机英雄属性的代码
```

如果你运行该代码，什么也不会发生，这是因为 Python 会忽略注释。注释不是为了计算机程序的功能，而是方便了人类和次人类（即开发者）。

让我们看看注释与代码的关系。还记得上一章的 RandomGenerator.py 文件吗？打开它，并添加以下注释：

```
import random

# 这是一段生成随机英雄属性的代码

strength = random.randint(1,20)
intelligence = random.randint(1,20)
endurance = random.randint(1,20)
wisdom = random.randint(1,20)

print("Your character's statistics are:")
print("Strength:", strength)
print("Intelligence", intelligence)
print("Endurance", endurance)
print("Wisdom", wisdom)
```

正如你所看到的，注释使得查看这段代码的确切用途变得更加容易。我们可以在代码片段的末尾添加另一条注释，使其更加清晰：

```
import random

# 这是一段生成随机英雄属性的代码

strength = random.randint(1,20)
intelligence = random.randint(1,20)
endurance = random.randint(1,20)
```

```
wisdom = random.randint(1,20)

# 随机属性代码结束

print("Your character's statistics are:")
print("Strength:", strength)
print("Intelligence", intelligence)
print("Endurance", endurance)
print("Wisdom", wisdom)
```

这里的用意是标出做不同事情的每段代码的结束点和开始点。你可以想象一下，这类文档很容易让人眼花缭乱，但是它确实也有它的优点。可以说，你写注释的次数和频率由你决定，但一般来说，做注释总比不注释好。

3.1.1 块注释

除了常规注释之外，还有一种称为块注释的注释形式。当你需要不止一行文字来解释一段代码时，就会使用这种类型的注释。如果你需要记录诸如编写代码的日期、代码的作者等信息时，也可以使用它。看看下面的块注释演示：

```
# 导入 random 模块
import random

# 这段代码的作者是 James Payne
# 它出现在《Python for Teenagers》这本书中
# 这是一段生成随机英雄属性的代码

strength = random.randint(1,20)
intelligence = random.randint(1,20)
endurance = random.randint(1,20)
wisdom = random.randint(1,20)

# 随机属性代码结束

# 打印输出英雄的数据
print("Your character's statistics are:")
print("Strength:", strength)

print("Intelligence", intelligence)
print("Endurance", endurance)
print("Wisdom", wisdom)
```

正如你所看到的，要添加块注释，你只需在每行开头添加一个符号 (#) 进行注释。

3.1.2 行内注释

另一种注释方式是行内注释。这意味着你将注释留在与代码相同的行上。它们不像其他形式的注释那样常见，但如果你需要描述特定的某一行代码的功能，那么它就很有用。例如，在我们的 RandomGenerator.py 文件中，我们首先导入 random。虽然这行代码的意图显而易见，但我们仍可以留下行内注释来解释它。

下面来看看它的使用方法：

```
import random # 导入 random 模块
```

一般来说，尽量避免使用行内注释，除非你觉得有必要解释这一行代码的功能。

3.1.3 注释的其他用法

在代码中添加注释的最后一个用途是：查找错误。虽然这听起来有点不切实际，但其实很实用。有时你的代码会因某部分代码报错，那么你就可以直接注释掉这部分，而不是大量删除代码。请记住，当 Python 看到 # 符号时，它会忽略该行中它后面的任何字符。

如果我们注释掉下面的代码，它的结果将和之前不同：

```
import random

strength = random.randint(1,20)
intelligence = random.randint(1,20)
endurance = random.randint(1,20)
wisdom = random.randint(1,20)

print("Your character's statistics are:")
# print("Strength:", strength)
# print("Intelligence", intelligence)
print("Endurance", endurance)
print("Wisdom", wisdom)
```

这段代码中我们将不会在屏幕上看到“ strength”和“ intelligence”，原因就是我们注释掉了这部分代码。因此，只有“endurance”和“wisdom”能显示出来。

要将程序恢复正常状态，只需删除 # 符号。你可以随意地注释掉代码的某些部分，以查看它对程序的影响。

3.2 字符串处理

现在我们已经了解了注释对代码的重要性以及如何进行注释，接下来我们可以继续学习下一个数据类型，字符串（string）。

字符串类型的数据可以由你输入的任何字符组成，只要它们在引号“”中即可。确切地说，它可以包含任何字母、数字或特殊符号，可以是一个字母、一个句子，也可以是字母、数字和特殊符号的组合。

让我们创建一个名为 LearningText.py 的新文件。添加以下代码：

```
# 如何打印字符串
print("Holy smokes, it's the Grill Master!")
```

如果你愿意，也可以选择使用单引号来编写代码：

```
# 如何打印字符串
print('Holy smokes, it's the Grill Master!')
```

但是，如果运行该代码的第二个版本，则会得到一个 Invalid SyntaxError（语法错误）。你知道为什么会这样吗？让我们更仔细地研究一下这段代码。我们知道 print() 函数将打印任何包含在引号中的内容。当我们的句子以单引号结束和开始时，如果你仔细看，你会看到第三个单引号——在“it's”中。

当我们在 print() 函数中使用单引号时，我们必须小心，因为 Python 不能区分单引号和缩写中使用的撇号。当遇到单词 Holy 前的第一个引号时，它就以此开头。然后，当遇到 it's 中的撇号时，解释器就会感到困惑，并将其视为结束。最后，它遇到第三个单引号并抛出一个错误。

有几种方法可以避免这类问题。首先，尽量使用双引号。其次，在必须使用单引号的情况下，使用转义字符去解决问题。

转义字符本质上是一个反斜杠 (\) 字符，它告诉 Python 将单引号视为普通字符。使用它的方法就是将它添加到希望 Python 将其视为纯字符串的字符之前就可以了。你可以这样使用：

```
# 如何打印字符串
print('Holy smokes, it\'s the Grill Master!') # 注意这里转义字符的使用
```

现在，如果你运行代码，你会得到如图 3-1 所示的结果：

```
Holy smokes, it's the Grill Master!
>>> |
```

图 3-1　使用转义字符格式化打印语句

现在让我们回到代码中，使用更简单的双引号的方式解决问题吧。去吧，改一改，我在这儿等着你。

完成了吗？太好了。让我们再添加几行：

```
# 如何打印字符串
print("Holy smokes, it's the Grill Master!")
```

```
print("His sizzling meats are too good to resist!")
print("Quick Wonder Boy! Get some Wonder Bread and make me a sandwich!")
print("To quote a genius: 'Man Cannot Live On Bread and Water Alone!'")
```

这些代码有双重目的。首先，它向你展示了如何打印几行字符串。其次，它展示了何时可以交替使用双引号和单引号的例子，如：当你打印的字符串中出现了用单引号引用的某人语录，那么就要用双引号引出该字符串，从而确保语法的正确。

在这种情况下，单引号不需要转义。这是因为我们的 print() 函数是以双引号开头的。只有当我们以一个单引号开始时，才需要注意是否要转义另一个不打算用来结束函数的单引号。

3.2.1　字符串和变量的使用

就像我们处理数字一样，字符串也可以存储在变量中。这种方法类似于存储一个数字，只是略有不同：

```
name = "Grillmaster"

print(name)
```

我们首先创建了一个名称为“ name”的变量，接着向它添加了一些文本。注意，与数字不同的是，我们在文本值的两端要加上引号。这意味着我们要将一个字符串赋值给变量。接下来，我们使用 print() 函数将变量打印到用户屏幕上。

事情开始变得有趣起来。创建一个新文件，并尝试以下代码：

```
age = "42"
graduation = 27

print(age + graduation)
```

运行这段代码，你会得到报错信息。这是为什么呢？原因很简单：当我们声明名为“ age”的变量时，将值“42”赋给它。但由于我们将值括在引号中，所以 Python 将 42 解释为字符串类型。同时，给“ graduation”变量赋值了一个数字。当我们试图对两个变量进行数学运算时，它不会起作用，因为你不能对字符串进行数学运算。

有趣的是，我们可以对字符串使用某些数学运算符。在 Python 和其他语言中，有一种称为拼接的东西。当你把一个字符串加上另一个字符串时，或将它们连接在一起时，拼接就发生了。我们在字符串上使用加法运算符或连接运算符 (+) 来实现这一点。下面是代码：

```
print("Wonder" + "Boy")
```

当你测试这段代码时，你的结果会是：

WonderBoy

如果对两个字符串变量使用 + 运算符，同样的情况也会发生：

```
firstName = "Wonder"
lastName = "Boy"

print(firstName + lastName)
```

结果是？

WonderBoy

重要提示：如果希望将两个词拼接在一起，可以考虑在它们之间使用空格。可以在第一个字符串的末尾添加一个空格来简单实现：

```
print("Wonder " + "Boy")
```

或者在第二个字符串前加一个空格：

```
print("Wonder" + " Boy")
```

当然，你也可以插入第三个包含空格的字符串：

```
print("Wonder" + " " + "Boy")
```

这当然可以，因为空格也被 Python 视为字符串或字符。

你可以在字符串中使用另一个数学运算符——乘法 (*) 运算符。当你在处理字符串时使用它，称为字符串复制运算符。试着在 Python Shell 中输入这段代码：

```
print("WonderBoy" * 20)
```

结果如图 3-2 所示：

```
>>> print("WonderBoy" *20)
WonderBoyWonderBoyWonderBoyWonderBoyWonderBoyWonderBoyWonderBoyWonderBoyWonderBo
yWonderBoyWonderBoyWonderBoyWonderBoyWonderBoyWonderBoyWonderBoyWonderBoyWonderB
oyWonderBoyWonderBoy
>>>
```

图 3-2 复制字符串结果示例

如果你创建一个新的文件，并写入以下代码，你将会得到类似的结果，如图 3-3 所示：

```
sidekick="WonderBoy"
print("You ruined the Grill Master's barbeque!")
print("The crowd is chanting your name!")
print(sidekick *20)
```

```
You ruined the Grill Master's barbeque!
The crowd is chanting your name!
WonderBoyWonderBoyWonderBoyWonderBoyWonderBoyWonderBoyWonderBoyWonderBoyWonderBo
yWonderBoyWonderBoyWonderBoyWonderBoyWonderBoyWonderBoyWonderBoyWonderBoyWonderB
oyWonderBoyWonderBoy
>>> |
```

图 3-3 对变量执行字符串复制操作

3.2.2 长字符串

如果字符串仅限于单个字符或单个单词，那么它的功能就不是很强大了。正如我们之前提到的，字符串可以由整个句子组成，在变量中声明句子的方式与声明单个单词相同：

```
joke = "Why did Spiderman get in trouble with Aunt May?"
punchline = "He was spending too much time on the web."

print(joke)
print(punchline)
```

3.2.3 多行字符串

有时你可能会想以一种特殊的方式打印字符串，或者像打印诗或歌词那样组织文本。在这种情况下，你只需使用三个双引号 (" " ") 或三个单引号 (' ' ') 就可以创建一个多行字符串。下面是示例代码，你可以随意创建一个新文件测试它。你应该会看到如图 3-4 所示的结果：

```
print("""My name is Grill Master
and I have an appetite
For destruction
That is well done!""")
```

```
My name is Grill Master
and I have an appetite
For destruction
That is well done!
>>> |
```

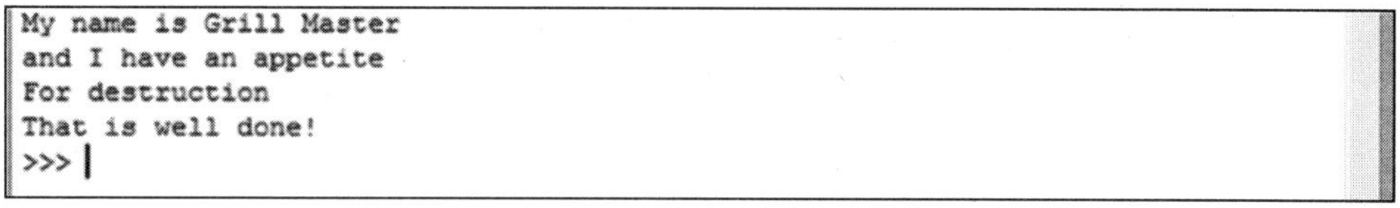

图 3-4 创建多行字符串并打印

也可以用三个单引号来实现同样的效果：

```
print('''My name is Grill Master
and I have an appetite
For destruction
That is well done!''')
```

3.2.4 格式化字符串

虽然使用多行字符串可以帮助你格式化文本和字符串，但还可以使用其他更好的方法。也许你想用一个花哨的邀请函邀请一个女孩或男孩来参加舞会，或者你正在努力创作新主题曲的歌词，希望给别人留下深刻的印象。无论哪种方式，如果没有合适的字符串格式化工具，字符串都会是平淡无奇的。

而平淡无奇是一个英雄最不应该的事。

前面我们讨论了转义字符 (\)。我们学习了如何使用它来让 Python 将撇号当作一个符号，而不是 print() 函数中字符串的结尾。实际上，还有几种不同的转义字符，每一种都能够以特定的方式格式化字符串。它们如下：

- \ 允许你在多行字符串中创建新行
- \\ 用于格式化反斜杠
- \n 创建换行符
- \t 创建制表符或缩进
- \' 或 \" 用于单引号或双引号的转义

为了更好地理解表中列出的转义字符的用法，让我们看一下 "\n" 换行符。这个转义字符可以让我们向某些字符串插入新行。

创建一个新的 Python 文件并将其命名为 WonderBoyTheme.py。将此代码输入文件：

```
print("My name is\nWonder Boy\nAnd it is a wonder\nThat I can fit in these
tights!")
```

乍一看，这段代码非常混乱。然而，当我们运行程序时，我们可以确切地看到 \n 是如何工作的（图 3-5）。

```
My name is
Wonder Boy
And it is a wonder
That I can fit in these tights!
>>> |
```

图 3-5　在单个 print() 函数中格式化输出字符串

通常，当我们查看这行代码时，我们会期望 print() 函数中的所有内容都打印在一行上。然而，每当 Python 遇到换行符 \n 时，就会进行强制换行，并将字符串格式化，使其出现在单独的行中。

\t 的工作原理类似，只是它不创建新行，而是在字符串中生成缩进或制表符。让我们添加更多的代码到 WonderBoyTheme.py 文件中：

```
print("My name is\nWonder Boy\nAnd it is a wonder\nThat I can fit in these
tights!")
```

```
print("There trunks are \ttight")
print("tight \ttight \ttight \tso very tight!")
```

如果你运行这个代码，会看到图 3-6 所示的结果：

蜘蛛侠多么希望能拥有一首这样的主题曲！

请注意，在示例图中，“tight tight tight so very tight!”是不是都缩进了一个 Tab 键？这都要归功于 \t。

```
My name is
Wonder Boy
And it is a wonder
That I can fit in these tights!
There trunks are        tight
tight   tight   tight   so very tight!
>>> |
```

图 3-6　使用转义字符的更多示例

最后，让我们回顾一下转义字符 \" 和 \'。如前所述，有时你可能希望将引号作为实际字符串的一部分打印出来，这将导致一个问题，因为 Python 无法分辨你想让引号具体干什么，除非你告诉它。

为了让 Python 知道你是想要在语法意义上使用引号，而不是在编程意义上使用，就需要对它们进行转义。让我们向 WonderBoyTheme.py 文件添加更多的字符串，确保你的代码和我的匹配：

```
print("My name is\nWonder Boy\nAnd it is a wonder\nThat I can fit in these
tights!")
print("There trunks are \ttight")
print("tight \ttight \ttight \tso very tight!")
print("\n")
print("And when the people see me they all shout and agree:")
print("\"Boy, those tights are too tight for he!\"")
```

运行这个程序并查看结果，如图 3-7 所示：

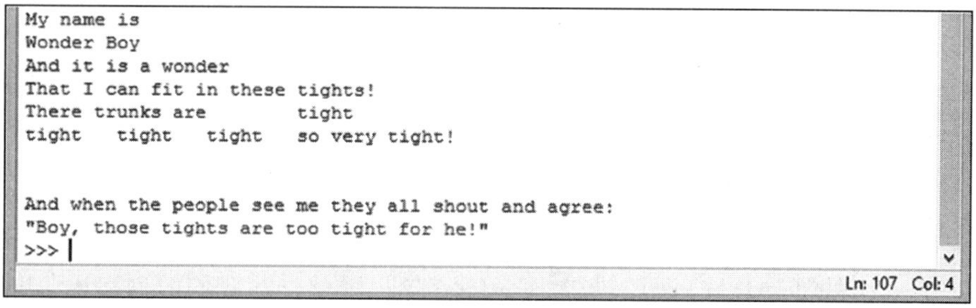

```
My name is
Wonder Boy
And it is a wonder
That I can fit in these tights!
There trunks are        tight
tight   tight   tight   so very tight!


And when the people see me they all shout and agree:
"Boy, those tights are too tight for he!"
>>> |
                                              Ln: 107  Col: 4
```

图 3-7　使用转义字符 \t 创建制表符缩进

请特别注意代码的这部分：

```
print("\"Boy, those tights are too tight for he!\"")
```

第一个双引号 (") 告诉 Python 它后面的任何内容都要打印到屏幕上。然后，Python 遇到反斜杠 (\) 并将它后面的字符作为常规字符串处理。然后，Python 遇到另一个反斜杠 (\)，并再次将它后面的字符视为常规字符串。最后，它遇到结尾的双引号，因为在它前面没有反斜杠，所以它知道你打算用它来表示要打印的字符串的结尾。

请注意，如果我们将所有双引号替换为单引号（'），那么这段代码的运行效果将完全相同。

3.3 给你的武器库引进一个新的武器：列表

我们的第一个小工具就是列表。列表是一种数据结构，与之前学习的变量不同的是，列表可以包含多个数据。变量可以被看作一个标签或一个盒子，那么列表更像是装满了一堆盒子的壁橱。

我们可以用可存储在变量中的相同数据类型的数据来填充列表，包括字符串、数字、整数和浮点数等等。为了给列表赋值，我们将这些值放在两个方括号 [] 之间，并用逗号 (,) 隔开它们。

让我们创建一个列表：

```
superPowers = ['flight', 'cool cape', '20/20 vision', 'Coding Skillz']
```

在这段代码中，我们创建了一个名为 superPowers 的列表，并为它分配了四条独立的数据——在本例中是字符串值：flight、cool cape、20/20 vision 和 Coding Skillz。

如果想打印这段列表，我们所要做的就是使用我们方便的 print() 函数：

```
print(superPowers)
```

当我们打印这个列表时，有趣的事情发生了——它不是像我们期望的那样只打印列表的内容，而是打印了整个列表的结构（参见图 3-8）：

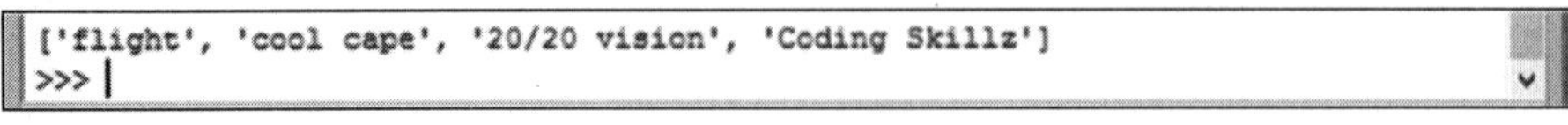

图 3-8　打印一个列表

请记住，列表是由一组独立存储的项组成的，列表中的每一项都对应一个索引号。所有列表的索引号都是从 0 开始，然后按顺序存储。因此，在我们的列表中，“flight”位于 0，“cool cape”位于 1，“20/20 vision”位于 2，以此类推。

例如，如果我们只想打印位于索引号 3 的项，我们可以这样做：

```
superPowers = ['flight', 'cool cape', '20/20 vision', 'Coding Skillz']

print(superPowers[3])
```

Coding Skillz 就被打印到屏幕上了，因为它位于列表中索引值为 3 的位置（记住，列表索引从 0 开始）。用更容易理解的方式来说，就是可以单独打印某个项了。

```
superPowers = ['flight', 'cool cape', '20/20 vision', 'Coding Skillz']

print(superPowers[0])
print(superPowers[1])
print(superPowers[2])
print(superPowers[3])
```

图 3-9 展示结果：

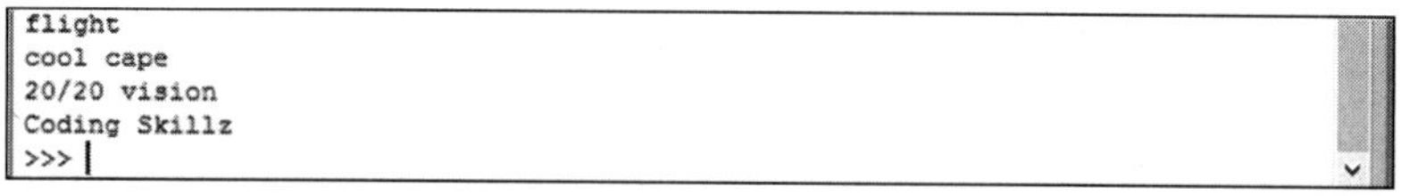

```
flight
cool cape
20/20 vision
Coding Skillz
>>>
```

图 3-9　打印列表项的值

或者，你也可以将 print() 函数写成一行代码，如下所示：

```
superPowers = ['flight', 'cool cape', '20/20 vision', 'Coding Skillz']

print(superPowers[0], superPowers[1], superPowers[2],superPowers[3])
```

这会得到相同的结果。

让我们创建一个文件并将其命名为 ListExample.py。添加以下代码，然后运行程序，结果如图 3-10 所示：

```
superPowers = ['flight', 'cool cape', '20/20 vision', 'Coding Skillz']

print(superPowers[0], "is located at Index 0")
print(superPowers[1], "is located at Index 1")
print(superPowers[2], "is located at Index 2")
print(superPowers[3], "is located at Index 3")
```

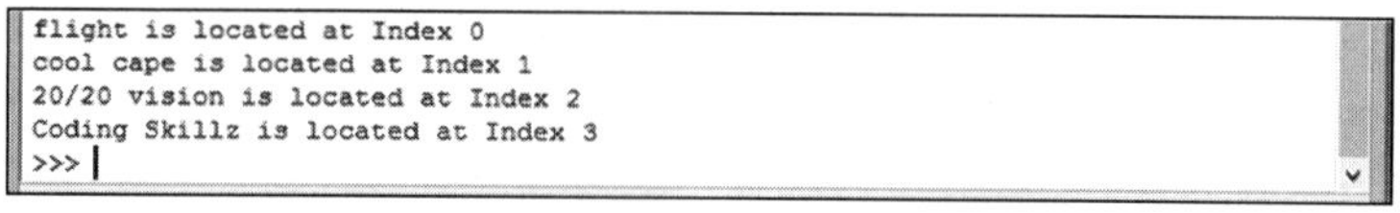

```
flight is located at Index 0
cool cape is located at Index 1
20/20 vision is located at Index 2
Coding Skillz is located at Index 3
>>>
```

图 3-10　另一种打印列表项的值的方法

在本例中，我们在 print() 函数的末尾添加了一些字符串。注意，我们使用逗号分隔 print() 中的第一个参数，然后定义 print() 函数的第二部分。也可以同样使用这个方法，把我们想打印的文字放在列表的某个项前：

```
print("The item located at index 0 is", superPowers[0])
```

结果是：The item located at index 0 is flight.

最后，有一种更简单、更有效的方法可以打印出列表中的所有项。让我们创建另一个文件，并将其命名为PowersWeakness.py。添加以下代码：

```
superPowers = ['flight', 'cool cape', '20/20 vision', 'Coding Skillz']
superWeaknesses = ['bologna', 'lactose intolerance', 'social settings',
'tight trunks']

print("Behold our fledgling hero/sidekick, \"Wonder Boy!")
print("His super powers include:", *superPowers)
print("And his weaknesses are:", *superWeaknesses)
```

使用前面带有*符号的列表名告诉Python使用整个列表。例如，如果你输入：`print (*superPowers)`，那么将打印出`superPowers`列表中的每一项。之前的代码结果如图3-11所示：

```
Behold our fledgling hero/sidekick, "Wonder Boy!
His super powers include: flight cool cape 20/20 vision Coding Skillz
And his weaknesses are: bologna lactose intolerance social settings tight trunks
>>> |
```

图3-11 打印列表的全部内容

3.3.1 修改列表

列表，就像一堆变量一样，可以改变。我们可以针对它们做添加、删除、重新排列等操作。例如，在我们的PowersandWeaknesses.py文件中，我们有一个超级弱点列表，其中一个是可怕的“lactose intolerance（乳糖不耐症）”（不能喝乳制品或吃冰激凌——哦，不！）。对你来说幸运的是，有一种方法可以消除这个特别的弱点：有药物可以帮助你拥有可以消化牛奶的酶。所以现在你又可以将脸怼进冰激凌里了——万岁！

掌握了这些知识，我们就从`superWeaknesses`列表中删除那个特别的弱点。为了实现这一点，我们将使用`del`语句。

```
superWeaknesses = ['bologna', 'lactose intolerance', 'social settings',
'tight trunks']

del superWeaknesses[1]
print(*superWeaknesses)
```

这将删除位于索引1的项——在我们的示例中是“lactose intolerance（乳糖不耐症）”。当我们把`superWeaknesses`的内容打印出来时，我们现在会看到：bologna、social settings、tight trunks。

我们还可以使用 remove 方法从列表中删除一个值。我们不需要告诉 Python 项的位置，我们只需提供它的值：

```
superWeaknesses = ['bologna', 'lactose intolerance', 'social settings',
'tight trunks']

superWeaknesses.remove('lactose intolerance')
```

这将得到与使用 `del` 语句相同的结果。

除了从列表中删除项外，还可以添加项。有几个方法可以做到这一点。第一种方法是使用 append 语句。这个方法将项添加到列表的末尾：

```
superWeaknesses = ['bologna', 'lactose intolerance', 'social settings',
'tight trunks']

del superWeaknesses[1]

superWeaknesses.append('Taco Meat')

print(*superWeaknesses)
```

在这个例子中，我们首先创建 `superWeaknesses` 列表，然后使用 `del` 语句删除索引为 1 的项，正如我们之前做的那样（记住，列表起始位索引为 0)。然后我们发现有一个新的敌人——导致胃抽筋的“ Taco Meat（墨西哥肉卷)”，所以我们使用 `append` 语句把它添加到列表中。当我们打印结果时，我们得到：

bologna social settings tight trunks Taco Meat

另外，我们可以向列表中插入一个项。`insert` 方法的工作方式与 `append` 略有不同。它允许我们在列表中的任何位置添加项，而 `append` 只是把它放在最后。下面是示例：

```
superWeaknesses = ['bologna', 'lactose intolerance', 'social settings',
'tight trunks']

del superWeaknesses[1]
superWeaknesses.insert(1,'Taco Meat')

print(*superWeaknesses
```

`insert` 方法可以使用两个参数。第一个参数告诉 Python 将添加到列表的哪里——也就是说，它的索引是什么。第二个参数告诉 Python 要向列表中添加的具体值是什么。运行上述代码打印出来结果是：

bologna Taco Meat social settings tight trunks

3.3.2 列表的其他方法

列表的方法一共有 11 个，每一个都允许你对存储在列表中的数据执行一些操作。虽然我们已经学习了不少，但篇幅有限，本章不可能全部涵盖。但你可以在下表中找到列表的其他方法以及它们的用途，作为练习，你可以自己尝试一下。

- list.pop()：pop 方法允许你从列表中返回（或打印）一个值，然后删除它。这可以让你确保删除的是正确的项。例如：

```
print(superWeaknesses.pop(1))
print(*superWeaknesses)
```

- list.reverse()：可以对列表中的项进行排序。这是一种将列表的项逆序排序的方法，把第一项移到末尾，最后一项移到前面，依此类推。例如：

```
superWeaknesses.reverse()
print(*superWeaknesses)
```

- list.sort()：另一种改变项顺序的方法。此方法是按字母顺序对列表中的项进行排序。例如：

```
superWeaknesses.sort()
print(*superWeaknesses)
```

- list.count()：该方法用于计算给定值在列表中出现的次数。例如，你可能想知道有多少伙伴扛不住"Taco Meat（墨西哥肉卷）"。我们可以用 count 算出来。例如：

```
print(superWeaknesses.count('Taco Meat')
```

这将返回"Taco meat"在我们的列表中出现的次数。在这个例子里，只出现了一次。

- list.extend()：这个方法的使用非常简单，它用于将一个列表合并到另一个列表中。例如，如果你有一个名为 moreSuperWeakness 的列表，其中列出了更多能够打败超级英雄的东西，那么你可以将它与我们的旧列表 superWeakness 结合起来。这样，你只需处理一个列表了。例如：

```
superWeaknesses.extend(moreSuperWeaknesses)
```

- list.copy()：有时你可能想要复制一个列表让手头有一个副本。也许这是出于测试的目的，或者你想在原版基础上修改点数据，毕竟修改要比重写快得多。无论哪种情况，你都可以使用 copy() 方法来复制列表。例如：

```
superWeaknesses2 = superWeaknesses.copy()
```

  注意：list.copy() 只在 Python 3.3 或更高版本中可用。使用早期版本的 Python 将导致 AttributeError 错误。

- list.index()：很多时候，我们需要知道某个特定项在列表中的什么位置，以便在需要时调用它。这时你就可以使用 index 方法来查找列表中值的位置，而不是从头到尾查看代码。例如：

```
print(superWeaknesses.index('Taco Meat'))
```

- ❑ 将返回数字 3，因为“Taco Meat”在我们的列表中位于索引为 3 的位置上。（注意：如果你之前一直在试验这些方法，尤其是 sort() 方法，那么“Taco Meat”可能在列表的别的位置）。
- ❑ list.clear()：我们将讨论的最后一个方法是 clear 方法。我们把这个留到最后，是因为如果你练习使用它，它会做与它名字相符的事：清除你列表中的所有数据。例如：

```
superWeaknesses.clear()
```

3.4 本章小结

在这个激动人心的章节中，我们涉及了大量的内容。现在，我敢说，你的能力正在突飞猛进地增长！

我们来复习下这一章所学的内容，好吗？

- ❑ 注释允许我们解释我们的代码以供将来参考——我们自己或其他开发者。
- ❑ 我们使用 # 和空格来创建注释，在其后的任何文本都会被 Python 忽略。
- ❑ 如果需要进一步说明，我们可以在特定代码行之后留下行内注释，但很少这样使用。
- ❑ 注释代码可以帮助我们在不删除现有代码的情况下定位错误。等到我们确定代码没有问题，我们就可以取消注释。
- ❑ 转义字符允许你打印通常不视为字符串的特殊字符。它们还允许你格式化字符串。
- ❑ 转义字符包括 \t，\n，\'，\"，和 \\。
- ❑ 字符串是一种由字母、数字或符号组成的数据类型。
- ❑ 你可以使用 + 加号将一个或多个字符串连接到一起—称为拼接。
- ❑ 你可以使用 * 乘号复制字符串。
- ❑ 列表是存储单元，它就像一个装满盒子的壁橱。你可以在其中存储许多项，而不是只存储一项（在变量的情况下）。你可以这样定义它们：superPowers = ['flight', '20/20 vision'] 等。
- ❑ 列表包含可以被索引的数据项，这些项从索引 0 开始并按顺序排列。
- ❑ 你可以以多种方式打印列表：打印单个项 print(superPowers[1])，打印整个列表 print(*superPowers)。
- ❑ del 语句允许你从列表中删除一个项。
- ❑ 列表有 11 个方法，包括 insert()、append()、pop()、reverse()、sort()、count()、extend()、copy()、index()、clear() 和 remove()。

Chapter 4 第4章

做决策

当涉及打击犯罪和处理邪恶的恶行时，我们的超级英雄们经常会发现自己面临道路的分岔口：我们是应该拯救被扔在大楼边上的无助少女，还是就让她待在地上，我们去抓住坏人呢？我们今天是洗披风呢，还是只要闻起来不是太难闻就再坚持一天？

归根结底，打击犯罪的大部分工作——以及这方面的规划——都归结为一件事：做决策。

你可能听过这样一句话："每个行动都有一个反应。"嗯，在编程中尤其如此。想想看：每次你使用电脑时，你都在强迫它做决定。当你移动你的鼠标，当你按下一个键，当你因为你的代码不能工作而用头连续一个小时撞击屏幕——所有这些都需要计算机来解释你想要做什么和希望做什么，然后去执行一个动作。

这里有一个简单的例子：如果你按下字母"a"或字母"k"，计算机必须知道在这两种情况下该怎么做。如果你使用的是文字处理应用程序，这种特定场景就很简单——将这两个字母中的一个打印到屏幕上。

然而，当我们讨论与计算机程序设计有关的决定时，我们更多的是指在有多项功能的程序设计中，程序将向用户提供几个选项——例如，选择A、B或C，然后根据选择的选项做出反应。

为了真正理解所有编程中最强大的功能之一，让我们戴上超级英雄面具，召唤我们的超级大脑，深入挖掘我们的下一个超级潜能：做决策。

4.1 什么是做决策

把你的生活想象成一个计算机程序。午餐时间到了，羽翼未丰者 / 即将成为英雄的人需要午餐来保证他 / 她的肌肉生长。摆在你面前的是一套东西：两片面包、两罐花生酱、三罐果酱。让我们把它列成一张表，这样我们可以看得更清楚！

- ❑ 面包（两片）
- ❑ 松脆花生酱
- ❑ 乳状花生酱
- ❑ 苹果果酱
- ❑ 葡萄果酱
- ❑ 草莓果酱

正如你所看到的，在你吃午饭之前必须做决策。面包已经做好了，但是我们要用哪种花生酱呢？果酱又该如何选择呢？

这种情况就称为做决策，或者更好的说法是条件语句。也就是说，如果满足某些条件，我们 / 程序将如何反应？为了从编程的角度看这个问题，让我们来看看伪代码。

pseudocode（伪代码）是一种使用看起来像代码，但实际上不是代码的语言来规划代码的方法。如果我们给午餐场景编写伪代码，会像这样：

```
if 要做三明治午餐，先拿面包
然后选择花生酱类型；
if 花生酱的类型 =“乳状”
  print“真恶心，别恶心我”
else
  print“松脆花生酱是最好的选择！ 你是美味达人！”

下一步选择果酱类型；

If 果酱类型 =“葡萄”
  print“你是真不擅长挑果酱？”
else if 果酱类型 =“草莓”
  print“好吧，如果你想破坏花生酱，请继续。”
else
  print“苹果果酱才是唯一的果酱！上帝赐予的金色花蜜！你真聪明！”
下一步 将花生酱和果酱放在面包上，搅碎，留下面包皮
开始吃吧
```

如果你把这些代码放到 Python 中，你会得到大量的错误，因为，你要记住，这不是有效的代码。它是伪的，意思是假的或模仿的。有时在实际编码之前我们会使用伪代码来描述我们的程序，这样我们可以标记出重要的部分。它有助于我们的编程逻辑，并帮助我们避免在编程过程中的一些错误。它可以是你朋友写下来的一套详细的去漫画书店的路线。它也可能不是很漂亮（尽管一些伪代码很漂亮，充满了图表和图形），但是它让你知道你需要去哪里。

4.2 条件语句

通俗来讲，条件语句决定一段代码是否可以运行——取决于是否满足条件。从编程的角度来看，条件语句可以用在简单的示例中，例如：

如果用户选择成为超级英雄，则将其放到“英雄”类别；否则，将其放到反派位置。

- 如果一个超级英雄通过接触有毒废物获得了超能力，就把他们归类为“变种人”。如果不是，就把他们归类为“天生超能力”。
- 如果一个超级英雄有悲惨的背景，那就让他们的性格“黑暗又忧郁”。否则，就要让他们的个性“机智又风趣”。

这些是条件语句最基本的用法。在现实世界中，要执行（或不执行）程序的某一部分，可能需要满足多个条件。我们很快就会学习更高级的用法，但是现在，让我们看看它们中最基本的条件语句：if 语句。

4.2.1 if 语句

前面的例子都是 if 语句的一部分。if 语句简单来说就是，如果发生了什么事，就这样做。这也意味着，如果某件事没有发生，程序将做其他的事情——这可能意味着程序什么也不做。

为了更清楚地说明问题，让我们尝试编写一点代码。创建一个名为 Conditional-Stataments.py 的新 Python 文件，并输入以下代码：

```
superHeroType="Dark and Brooding"

print("Let's see what sort of hero we have here...")

if superHeroType=="Dark and Brooding":
    print("Ah, it says here you are 'Dark and Brooding'.")
    print("I bet you had a tragic event in your past!")
    print("Your voice sounds pretty rough by the way...")
    print("Here, have a cough drop. Or two.")
```

在这段代码中有几点需要注意。首先，我们创建了一个名为 superHeroType 的字符串变量，并用一些文本填充它。这个变量中的文本是我们将要测试的 if 语句的对象。

在打印一些文本之后，我们用下面这行开始 if 语句：

```
if superHeroType=="Dark and Brooding":
```

当解释器看到这行代码时，它会进入条件判断部分并检查它是真是假。如果满足条件，即结果为真，则程序将运行缩进的代码（是 If 语句的一部分）。

在本例中，条件是满足的：superHeroType 中的文本等于 " Dark and Brooding"，因此程序打印出属于 if 语句的 print() 函数。既然如此，程序的结果是（见图 4-1）：

另一个需要注意的是：== 符号称为比较运算符。在本例中，如果想满足条件，则要比较的值必须完全等于引号（""）中的值。我们在比较字符串和数字时都使用 == 符号。

```
Let's see what sort of hero we have here...
Ah, it says here you are 'Dark and Brooding'.
I bet you had a tragic event in your past!
Your voice sounds pretty rough by the way...
Here, have a cough drop. Or two.
```

图 4-1　使用条件语句

但是如果我们的条件不满足会怎么样？如果 superHeroType 中的值不等于 " Dark and Brooding" 呢？要找出答案，我们只需编辑代码改变变量 superHeroType 的值并再次运行程序：

```
superHeroType="Quick-Witted and Funny"

print("Let's see what sort of hero we have here...")

if superHeroType=="Dark and Brooding":
    print("Ah, it says here you are 'Dark and Brooding'.")
    print("I bet you had a tragic event in your past!")
    print("Your voice sounds pretty rough by the way...")
    print("Here, have a cough drop. Or two.")
```

现在，当我们运行代码时，返回的只是最开始的 print() 函数 (见图 4-2)：

```
Let's see what sort of hero we have here...
>>>
```

图 4-2　未触发的 if 语句的结果

为什么会这样？因为我们修改了 superHeroType 变量的值，所以当 Python 遇到 if 语句时，它会检查条件语句，发现它不满足条件，然后返回 false。由于条件不满足，所以 Python 跳过 if 语句块的其余部分，并移到程序的后面部分。

因为程序没有后面部分了，所以 Python 退出，程序结束。

当然，我们可以在程序中创建多个 `if` 语句。如果我们这样做了，只要满足条件，Python 就会判断每个语句并选择执行代码块。打开 `ConditionalStatements.py` 文件并修改代码，使其与以下内容匹配：

```
superHeroType="Quick-Witted and Funny"

print("Let's see what sort of hero we have here...")

if superHeroType=="Dark and Brooding":
    print("Ah, it says here you are 'Dark and Brooding'.")
    print("I bet you had a tragic event in your past!")
    print("Your voice sounds pretty rough by the way...")
    print("Here, have a cough drop. Or two.")

if superHeroType=="Too Polite":
    print("It says here that you are 'Too Polite'")
    print("How are you ever going to catch that criminal if you keep
    holding the door?")
    print("Don't say sorry to him - he's the villain!")

if superHeroType=="Quick-Witted and Funny":
    print("Oh boy. I can tell by all the puns that you are the Quick-Witted
    and Funny Type.")
    print("I have a joke for you:")
    print("What has 8 fingers, two thumbs, and isn't funny?")
    print("You!")
```

这段修改后的代码中，我们总共添加了三个条件 if 语句而不是一个。程序首先打印出一些文本，然后遇到第一个 if 语句，检查 `superHeroType` 的值是否等于“Dark and Brooding”。因为不是，所以我们的程序忽略该块的其余缩进代码。

每当我们编写带有缩进的代码块时，Python 就根据缩进将它们归为特定的代码块。一旦相同缩进的代码执行完毕，Python 就知道特定的代码块已经结束了，它将继续移动到下一个代码块。

不要在代码缩进上花太多时间——我们很快会更详细地讨论它。现在，只需知道代码块有一个层次结构——即一个结构化的顺序——它依赖于缩进（通常是四个空格或按下一个 tab 制表符）来表示代码属于哪个部分。

接下来，Python 遇到第二个 `if` 语句，再次检查条件：`superHeroType` 是否等于“Too Polite.”这次它同样不是，所以解释器将转到下一个代码块，这恰好是我们的第三个 if 语句。

在第三个 if 语句中，我们检查 `superHeroType` 的值是否等于“Quick-Witted and Funny”。这一次，结果是 true（真），因此解释器执行该代码块的缩进的 `print()` 函数。结果如图 4-3 所示：

```
Let's see what sort of hero we have here...
Oh boy. I can tell by all the puns that you are the Quick-Witted and Funny Type.
I have a joke for you:
What has 8 fingers, two thumbs, and isn't funny?
You!
>>>
```

图 4-3 计算结果为 True 的 if 语句的示例

4.2.2 布尔逻辑和比较运算符

在我们深入研究条件语句之前，我们需要定义一些有趣的词。这些有趣的词不仅可以一遍又一遍地对你的朋友和家人说，而且它们还是你的万能腰带上的另一个便利工具。

第一个词是布尔值。去吧，大声说出来，别笑。然后，在家里跑几圈，看看你能在对话中使用多少次布尔值这个词。我在这儿等。

布尔值是另一种数据类型，从前面对 `ConditionalStatements.py` 代码的解释中可以推测出，这种特定的数据类型可以有两个不同的值：`true`（真）和 `false`（假）。

当我们处理类似 `if` 语句这样的条件语句时，我们最终会问某个条件是真还是假。无论我们如何描述这些条件或标准，最终，答案只能是这两个选择中的一个。

当然，我们不能只是在计算机上玩真假游戏，所以 Python(和其他编程语言) 使用一种称为比较运算符的东西来帮助我们比较数据，并确定最终结果是真还是假。

我们已经讨论了其中一个比较运算符 `==`。除此之外，我们还可以使用其他五种比较运算符。它们如下：

- `==` 用于查看一个值是否等于另一个值
- `!=` 用于查看一个值是否不等于另一个值
- `<` 用于确定一个值是否小于另一个值
- `>` 用于确定一个值是否大于另一个值
- `<=` 用于确定一个值是否小于或等于另一个值
- `>=` 用于确定一个值是否大于或等于另一个值

到目前为止，我们已经在条件语句示例中使用了字符串类型。为了更好地理解我们的新工具——比较运算符，让我们转而使用数字类型。首先，创建一个名为 MathIsHard.py 的新文件。输入以下代码：

```
wonderBoyAllowance = 10
newCape = 20

print("That new cape sure is shiny. I wonder if you can afford it...")

if wonderBoyAllowance > newCape:
```

```
    print("Congrats! You have enough to buy that new cape!")

if wonderBoyAllowance < newCape:
    print("Looks like you'll have to keep wearing that towel as a cape...")
    print("Maybe if you ask nicely Wonder Dad will give you a raise...")
```

让我们更加仔细地研究一下这个代码，好吗？我们首先创建两个变量：wonderBoyAllowance 和 newCape。然后我们打印一些文字“ That new cape sure is shiny. I wonder if you can afford it...（新披风肯定很闪亮，不知道你能不能买得起……）”

为了确定 WonderBoy（神奇男孩）是否真的买得起新披风，我们必须比较 wonderBoyAllowance（代表神奇男孩的零花钱）和 newCape（代表闪亮新披风的价格）的大小。

我们的第一个 if 语句查看 wonderBoyAllowance 是否 >(大于)newCape。如果是，它会打印出“ Congrats! You have enough to buy that new cape!（恭喜！你有足够的钱买那件新披风！）”然而，由于零花钱不大于新披风的价格，该程序跳到下一个 if 语句，看看它的值是否为真。

当第二个 if 语句执行时，程序注意到你的零花钱小于新披风的价格。由于满足了这个条件并返回一个 true 值，所以它会接着执行 if 语句的其余部分，结果是（见图 4-4）：

```
That new cape sure is shiny. I wonder if you can afford it...
Looks like you'll have to keep wearing that towerl as a cape...
Maybe if you ask nicely Wonder Dad will give you a raise...
>>> |
```

图 4-4 计算多个 if 语句

要查看布尔逻辑的实际工作方式，请创建一个新的 Python 文件并将其命名为 BooleanExamples.py。输入此代码：

```
# 创建具有不同值的两个变量

a=10
b=20

# 使用不同的比较运算符进行比较

print("Is the value of a EQUAL to b? ", a == b)
print("Is the value of a NOT EQUAL to b? ", a != b)
print("Is the value of a GREATER than b? ", a > b)
print("Is the value of a LESS than b? ", a < b)
print("Is the value of a GREATER THAN or EQUAL to b? ", a >= b)
print("Is the value of a LESS THAN or EQUAL to b? ", a <= b)
```

运行这个程序将显示哪些比较结果是真，哪些是假。true 表示比较是正确的，而 false 表示不正确。

4.2.3 else 语句

现在我们已经理解了 if 语句和比较运算符，那么我们可以继续学习另一种类型的条件语句了：else。到目前为止，我们使用的条件语句仅在满足给定条件时才执行一组代码。然而，如果我们想要一个结果为真，另一个结果为假，两种结果都各自执行一组代码，该怎么办呢？虽然从技术上讲，我们可以使用多个 if 语句来实现这个结果，但是有一种更好、更有效的方法来编写程序。让我们修改 MathIsHard.py 文件的代码，使其与以下内容匹配：

```
WonderBoyAllowance = 10
NewCape = 20

print("That new cape sure is shiny. I wonder if you can afford it...")

if WonderBoyAllowance > NewCape:
    print("Congrats! You have enough to buy that new cape!")

else:
    print("Looks like you'll have to keep wearing that towel as a cape...")
    print("Maybe if you ask nicely Wonder Dad will give you a raise...")
```

在这个版本中，我们用 else 语句替换了第二个 if 语句。else 语句只有在 if 语句的条件不满足时才会触发。总的来说，你对程序说的是，“如果发生这种情况，就做这个，否则，就做那个。”

这个程序的结果和以前一样。但是，现在涉及的代码更少了，而且由于没有第二个 if 语句，所以 Python 不需要执行另一个比较。这减少了计算机的计算和处理操作。虽然这些在这里似乎不是什么大问题，但是你可以想象在大型程序中这种用法可以节省数万行代码和数百个 if 语句，这对运算效率将是个很大的提升。

还有一点需要注意：当使用 else 语句时，Python 总是执行 if 块或 else 块，你的程序永远不会在不走这两条路中的一条的情况下结束。

但是，如果你需要更多的 if 和 else 选项，比如有三种选择，四个选择，或四亿个选择，该如何处理呢？为此，你需要一个比只有 if 和 else 语句稍微强一点的语句。

你准备好再次升级这些超能力了吗？如果是的话，准备学习吧——else if！

4.2.4 elif 语句

我知道你在想什么——else if 不是一个真正的语句。事实上，这很可能是一个农夫的名字，他整天挤牛奶，擦额头上的汗水——他叫 Elseif 叔叔！

好吧，我不想告诉你这个消息，else if 是一个真实的短语，它是条件语句家族的一个真实成员。它高度通用，简洁高效，并将成为你作一个开发者最好的朋友之一。使用它，你可以创建任意数量的条件场景，而不是使用if/else语句的无聊组合得到的常规的一两个场景。

像往常一样，学习这种新能力的最好方法是装备上它去试试。所以，记住这一点，创建一个全新的文件，命名为UncleElseIf.py，并输入这段代码：

```
# 创建表示我们的零花钱和新披风价格的变量

wonderBoyAllowance = 20
newCape = 20

print("That new cape sure is shiny. I wonder if you can afford it...")

if wonderBoyAllowance > newCape:
    print("Congrats! You have enough to buy that new cape!")
    print("And it looks like you have some money left over.")
    print("How about getting a hair cut? You hair is covering your mask!")

elif wonderBoyAllowance == newCape:
    print("You have exactly enough money to purchase the cape!")
    print("No change for you!")
    print("Eh...and no tip for me I see...")

else:
    print("Looks like you'll have to keep wearing that towel as a cape...")
    print("Maybe if you ask nicely Wonder Dad will give you a raise...")
```

这段代码看起来很熟悉，因为它是我们MathIsHard.py文件的修改版本。首先，我们将wonderBoyAllance的值改为20（恭喜零花钱变多！）。过一会儿你就会明白我为什么这么改了。接下来，我们执行介绍性的print()语句，然后执行第一个if块。第一个if检查，看看我们的零花钱是否大于新披风的价格。由于该比较返回false，程序将跳过print()函数并移到下一个块。

等等！下一个块根本不是if或else。事实上，它甚至没有用else-if。什么情况？好吧，Python之父决定使用else和if的混合来表示else-if语句，因此，在Python语言中，它简写为elif。

当解释器看到elif时，它再次检查比较——在本例中，它检查我们的零花钱是否与新披风的价格完全相同。因为两个变量的值都是20，所以else-if的剩余部分执行，缩进的print()函数发挥它们的魔力。

因为else-if计算结果为true，所以程序知道不需要进一步检查，并退出这个特定的完整代码块。因为在if/else/else-if块之后没有代码，程序也就结束了。

这就是事情变得有趣的地方。尽管我们将if、else和else-if作为单独的块，但实际上它们都是同一个块的一部分。想想看：如果没有else和if，就不可能有else-if，对吧？好吧，即使你觉得可能有，但你的程序也不会按照你想要的方式运行的！

如前所述，else-if 语句允许我们创建任意数量的选项。让我们在代码中添加更多的 elif 并检查结果。修改 UncleElseIf.py 的文本，使其匹配以下内容：

```
# 创建表示我们的零花钱和新披风价格的变量

wonderBoyAllowance = 20
newCape = 20

print("That new cape sure is shiny. I wonder if you can afford it...")

# 检查零花钱是否大于新披风的费用
if wonderBoyAllowance > newCape:
    print("Congrats! You have enough to buy that new cape!")
    print("And it looks like you have some money left over.")
    print("How about getting a hair cut? You hair is covering your mask!")

# 检查零花钱是否与新披风的确切价格相同
elif wonderBoyAllowance == newCape:
    print("You have exactly enough money to purchase the cape!")
    print("No change for you!")
    print("Eh...and no tip for me I see...")

# 检查一下零花钱是不是零美元
elif wonderBoyAllowance == 0:
    print("Oh boy, you are broke!")
    print("Maybe it's time to hang up the cape and grab an apron!")
    print("Time to become...Bag Boy!")

# 如果所有其他条件都不成立，则会触发
else:
    print("Looks like you'll have to keep wearing that towel as a cape...")
    print("Maybe if you ask nicely Wonder Dad will give you a raise...")
```

在这个版本的代码中，我们为每个部分添加了注释 (#)，以使我们的代码片段更清晰。我们还向条件块添加了第二个 elif，它会检查 wonderBoyAllowance 的值是否为 0，如果为 0，就会打印出一些文本，表明你应该找一份新工作来谋生。

理论上，我们可以向这个条件块添加任意数量的 elif，只要我们设置了需要满足的条件。例如，我们可以以 1 为增量检查 wonderBoyAllowance 的值，直到达到 20 为止。下面是这样的一个例子：

```
# 创建表示我们的零花钱和新披风价格的变量

wonderBoyAllowance = 20
newCape = 20

print("That new cape sure is shiny. I wonder if you can afford it...")

if wonderBoyAllowance == 0:
```

```
        print("Nope. You need 20 more dollars.")
elif wonderBoyAllowance == 1:
    print("Nope. You need 19 more dollars.")
elif wonderBoyAllowance == 2:
    print("Nope. You need 18 more dollars.")
elif wonderBoyAllowance == 3:
    print("Nope. You need 17 more dollars.")
elif wonderBoyAllowance == 4:
    print("Nope. You need 16 more dollars.")
elif wonderBoyAllowance == 5:
    print("Nope. You need 15 more dollars.")

# 继续添加elif，直到达到19
# 如果值等于或大于20，则使用else

else:
        print("Looks like you have just enough!")
```

在这段代码示例中，我们添加 5 个 `elseif` 来支付前 5 美元的零花钱。我本可以总共添加 19 个 `elseif`，但那会占用本书过多篇幅。相反，你可以自由地填空并测试程序。修改 `wonderBoyAllowance` 或 `newCape` 的值几次，这样就可以看到结果是如何基于我们测试条件的变量中的值而变化的。

4.2.5 逻辑运算符

你还需要学习一种和 `elif` 语句一样强大的能力，才能真正成为条件语句的大师。这种能力称为逻辑运算符。

到目前为止，加上本章之前介绍的比较运算符，我们已经介绍了许多不同的运算符类型。逻辑运算符只有三种，但它们将为你的程序提供一个全新的功能升级。

与比较运算符一样，逻辑运算符也有相同的目的：帮助你比较值。与比较运算符一样，逻辑运算符也寻找布尔值的结果：真或假。它们主要用于确定两个或多个比较运算是真还是假。与我们的其他运算符不同，逻辑运算符不是由特殊字符或符号组成，而是由自解释的实际单词组成：`and`、`not`、`or`。

第一个——`and`——可能是最容易掌握的。它只是查看语句并试图确定“这个条件语句 AND 那个条件语句”是否都是正确的。如果两者都正确，则计算结果为 `true`；而如果任一个或多个条件都不满足，则计算结果为 `false`。

让我们仔细研究下代码。创建一个名为 LogicalOperatorsExample.py 的新文件，并输入以下代码片段：

```
# 创建几个要计算的变量

wonderBoyAllowance = 20
```

```
newCape = 20
oldCape = 'smelly'

# 检查零花钱是否等于新披风的费用
# 旧披风很臭

if wonderBoyAllowance >= newCape and oldCape == 'smelly':
    print("Wow...you can afford to buy a new cape!")
    print("And your old cape IS really stinky!")
    print("Why not treat yourself to a new cape?")

# 如果 if 不成立，这个 else 语句将触发
else:
    print("Sorry kid, it just isn't time for a new cape yet.")
```

神奇男孩想要成功购买新披风，必须满足两个条件。第一，他必须有 20 元钱来支付披风费用。第二，他的旧披风必须已经发臭——这是他把毕生积蓄都花在新披风上唯一合理的解释！

在设置要计算的变量之后，我们插入一个 `if` 语句来检查 `wonderBoyAllowance` 是否大于或等于 (>=)`newCape` 的值。在本例中，它是相等的，因此解释器继续前进，看到 `and` 运算符，并且知道，为了使整个 `if` 语句的值为真，计算的下一部分也必须为真。它检查 `oldCape` 的值是否等于“smelly（发臭）”——确实如此！由于两个条件都为真，因此它就会继续打印 `if` 语句的剩余部分。

如果这两个条件中有任何一个不是真的，else 语句就会触发。

结果如下（图 4-5）：

```
Wow...you can afford to buy a new cape!
And your old cape IS really stinky!
Why not treat yourself to a new cape?
>>> |
```

图 4-5　使用 else 语句

下一个要说明的逻辑运算符是 or。当用于条件语句时，or 运算符要求至少一个条件语句的计算结果为 true，其他条件语句的结果可以为 false，但只要有一个为 true，则整个语句的计算结果为 true。

下面是一个 or 运算符的使用示例：

```
# 要检查的变量

wonderBoyAllowance = 20

newCape = 20
newShoes = 50

# 检查你是否买得起一件新披风或者一双新鞋
```

```
if wonderBoyAllowance >= newCape or wonderBoyAllowance >= newShoes:
    print("Looks like you can either afford a new cape or new shoes.")
    print("That's good, because one of them are really stinky!")

# 如果两个条件都失败，下面的else将触发
# 即使其中一个条件是真的，else也不会触发

else:
    print("That's a shame, because one of them is really stanky!")
```

这个示例程序用于检查一个或两个条件是否为真。如果两者都为真，很好——`print()`函数会触发。如果只有一个条件是真的——仍然是没问题的，`print()`函数也将会触发。记住：`or`运算符只需要一个条件为真。

只有当这两个条件都不满足时，程序才会触发`else`语句。

敏锐的读者可能会注意到这些项目的一个小问题——虽然我们知道神奇男孩买得起一双鞋或一件新披风，但不知道他会选择哪一件。此外，我们不知道他是否能同时负担得起这两样东西；而只是想知道他是否能负担得起这两样东西中的一样。

有几种扩展程序的方法可以解决这个问题。比如我们可以添加更多的if语句。但是，现在可能是讨论嵌套的好时机。

4.3 嵌套[⊖]

有时仅检查给定块中的一个（或两个）条件是否为真是不够的。例如，如果第一个条件的计算结果为true，我们可能希望检查是否满足第二个或第三个（或第四个等）条件。考虑一下我们的代码，它决定了神奇男孩是否可以购买一个新的披风和鞋子。我们知道神奇男孩可以购买其中之一，但我们不知道他是否有足够的钱来同时购买这两样。我们也不知道他更需要哪个——披风还是鞋子。

我们可以通过编程来回答其中的一些问题——也就是说，我们可以使用我们的程序来解锁这些答案。当我们在一个if语句中添加了其他if语句时，我们称之为if语句的嵌套。

现在你应该已经注意到使用if语句时代码的自动缩进问题。在我们输入冒号(:)并按回车键之后，开发环境将跳到下一行，然后缩进八个空格。这直观地告诉我们开发者，缩进的代码是上面if语句的一部分。它把同样的事情也告诉了解释器。这就是代码的层次结构，它表明（1）在内层代码执行之前先执行外层代码，（2）缩进的代码属于它上面外层的代码。

为了更好地理解嵌套是如何工作的，让我们重新看看前面的例子：

⊖ 嵌套（Nesting）英文有筑巢的含义。——译者注

```
# 要检查的变量

wonderBoyAllowance = 20
newCape = 20
newShoes = 50

# 检查你是否买得起一件新披风

if wonderBoyAllowance >= newCape:
    print("You can afford a new cape.")
    print("But how about new shoes?")

# 如果你买得起新披风时，它就会再判断是否能买得起新鞋子


    if wonderBoyAllowance >= newShoes:

        print("Looks like you can afford new shoes as well.")
        print("That's good, because the old ones are really stinky!")
        print("But can you afford both together?")

# 如果你买得起新披风，但买不起鞋，它就会这样做
    else:
        print("You can only afford the new cape, sorry.")

# 如果两个条件都失败，下面的else将触发
# 即使其中一个条件是真的，else也不会触发

else:
    print("That's a shame, because one of them is really stanky!")
```

在更新的代码中，首先要注意的是`if`语句的缩进。第一个`if`检查神奇男孩是否能负担得起新披风。因为他负担得起（`wonderBoyAllowance`大于或等于`newCape`），所以程序会继续执行到缩进（或嵌套）的`if`语句处。接着程序会再次检查嵌套的`if`语句的条件是否为真（`wonderBoyAllowance`是否等于或大于`newShoes`）。如果是，则执行缩进的`print()`函数。

注意：注意我们嵌套的if语句下面的print()函数也缩进了。

在本例中，我们嵌套的`if`语句的值不为`true`，因此嵌套的`else`语句（缩进的那个）将触发。

只有当最上面的`if`语句返回`false`时，底部的`else`语句才会触发。这是代码的运行结果：

```
    You can afford a new cape.
But how about new shoes?
You can only afford the new cape, sorry.
```

如果有两个以上的 if 语句会怎样？发生这种情况时，必须对每个附加的 if 语句使用 elif。让我们使用一个简单的数学示例来真正说明嵌套 if 语句的强大功能。创建一个名为 SuperHeroQuiz.py 的新文件，并输入以下代码：

```
# 代表神奇男孩考试分数的变量

wonderBoyScore = 100

# 介绍文本

print("Congratulations on finishing your Super-Hero Quiz Intelligence/
Reasoning Test.")
print("Or, S.Q.U.I.R.T. for short.")
print("Let's see if you passed or failed your exam!")
print("A passing grade means you are licensed to be a Sidekick!")

# 检查神奇男孩是否通过了超级英雄考核

if wonderBoyScore > 60:
    print("Here are your results: ")

    if wonderBoyScore > 60 and wonderBoyScore < 70:
        print("Well, you passed by the skin of your teeth!")

    elif wonderBoyScore >= 70 and wonderBoyScore < 80:
        print("You passed...average isn't so bad. I'm sure you'll make up
        for it with heart.")

    elif wonderBoyScore >= 80 and wonderBoyScore < 90:
            print("Wow, not bad at all! You are a regular B+ Plus player!")

    elif wonderBoyScore >= 90:
            print("Look at you! Top of your class. Yer a regular little
            S.Q.U.I.R.T. if I ever saw one!")

else:
        print("Nice try fella, but I'm sorry you didn't pass.")
        print("I hear the Burger Blitz needs a security guard - you are a
        shoo-in!")
```

目前，神奇男孩还不是一个超级英雄。为了成为其中的一员，他 / 你必须通过超级英雄考核。只有分数大于 60 分才表示及格。

除了弄清楚神奇男孩是否通过了考试，我们还想就他的考试成绩给他一些反馈。对于每一个 10 分的范围，我们创建一个 `if/elif` 语句，它将随着分数的改变打印出一些文本内容。

如果神奇男孩考试不及格（他的分数为 60 或以下），则跳过所有嵌套的 `if/elif` 语句，而触发 `else` 语句。

重要提示：如果第一个 if 语句条件不满足，则不会判断其他条件。这时，程序将直接自动跳到 else 语句。具体过程是，当程序运行到第一个 if 语句时，它检查 wonderBoyScore 的值并询问它是否大于 60。如果不是，程序将执行 else 语句，并在之后结束。

但是，案例中因为 wonderBoyScore 大于 60，所以程序会转到嵌套的 if/elif 语句。它将继续进行判断，直到找到一个计算结果为 true 的条件。

该程序的结果是：

```
Congratulations on finishing your Super-Hero Quiz Intelligence/Reasoning
Test.
Or, S.Q.U.I.R.T. for short.
Let's see if you passed or failed your exam!
A passing grade means you are licensed to be a Sidekick!
Here are your results:
Look at you! Top of your class. Yer a regular little S.Q.U.I.R.T. if I
ever saw one!
```

你可以多次随意更改 wonderBoyScore 的值，然后重新运行程序，看看结果如何变化。

4.4 本章小结

这一章精彩纷呈。我敢说这一章是目前为止所有章节中最能提升你力量的！这一章里塞进来了很多东西（有点像你把果酱塞进你的花生酱果酱三明治，希望不会洒在你的衬衫上），但是凭借你超凡的大脑，敏锐的洞察力，以及阅读老掉牙的超级英雄笑话的能力，我敢肯定，到目前为止，你已经吸收了这座宝藏中所包含的全部知识。

你会用它来做好事，还是做坏事？只有时间能证明！

当你的父母问你这本精彩的书有什么吸引人的地方时，你可以和他们分享一下，这本书是由一位了不起的作家 James Payne 写的，以及为什么你忍不住地要去读它！

- 做决定是程序必须根据特定的标准要求决定走一条或另一条路径的过程。
- 伪代码是一种用来描述程序内容的虚构语言；它是一种速记法，用于编排程序，以便更好地理解程序的结构和内容。
- 条件语句允许你的程序在满足 / 不满足某些条件的情况下继续执行程序的一个分支或另一个分支。它们包括 if、else 和 elif 语句。
- If 语句允许你在程序中做决定。例如，如果发生了“某件事”，程序就执行一段代码。

例如：

```
if 10 < 20:
    print("Yes, 10 is less than 20")
```

❑ Else语句用来添加到if语句中，以此来增强if语句的功能。例如，你可以让一个程序在“某件事”发生时执行一段代码，在“某件事”没有发生时执行另一段代码。

例如：

```
if 10 < 20:
    print("Yes, 10 is less than 20")
else:
    print("Maths are hard! Numbers bad for brain!")
```

❑ Else if/elif语句用于向代码中添加额外的条件判断。

例如：

```
if 10 < 20:
   print("Yes, 10 is less than 20")
elif 10 == 20:
   print("10 shouldn't be equal to 20, but if you say!")
else:
    print("In our backwards world, 10 is greater than 20!")
```

❑ 比较运算符用来比较值。它们是：等于(==)、不等于(!=)、小于(<)、大于(>)、小于或等于(<=)、大于或等于(>=)。

❑ 逻辑运算符允许你检查多个条件。它们是：and、not、or。

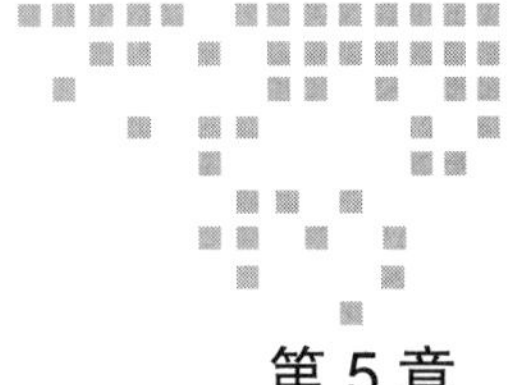

第 5 章　Chapter 5

循环和逻辑

有时候打击犯罪会让你觉得自己像是在兜圈子。日复一日，你似乎不得不处理同样的事情：一个劫匪抢银行，一只猫卡在树上，一个邪恶的天才试图接管宇宙。就好像你陷入了某种循环。

虽然被困在一个众所周知的土拨鼠之日（一个不断重复的日子，出自 Bill Murray 主演的一部优秀电影）——是一件坏事，但在你的计算机程序中使用循环可能是一件好事。计算机程序的主要用途之一就是做重复的事情。我们用来控制程序并让它们执行一些单调乏味的任务的方法之一就是循环。

正如你所想的那样，循环会在某个条件为真时让一段代码重复执行多次。就像条件语句（在第 4 章中介绍）一样，循环需要根据条件是否满足来决定循环体是否执行，具体要看开发者的需要。

循环有多种类型，我们将在这个非常精彩的章节中逐一介绍。所以准备好吧小英雄，我们开始学习循环！

5.1　什么是循环

作为开发者，我们的长期目标之一是高效地编写代码。我们所做的一切都应该以用尽可能少的代码提供良好的用户体验、减少处理器资源消耗为中心。实现这一点的一种方法是使用循环，Python 中有两种循环。如本章引言所述，循环是一种神奇的语句，只要满足我们指定的条件，它就允许我们任意次数地重复一段代码。

循环在编程中使用的一个例子就是，猜数字。代码将不断地要求用户猜你所想的数字，直到他们猜对了，循环才会结束，程序才会继续向下执行。

好了，让我们开始新的探险，来尝试一些新的代码吧。首先，创建一个名为SinisterLoop.py的文件，并添加以下代码：

```
# 创建一个空变量。我们以后会把数据储存在里面。

numberGuess = ''

# 创建一个 while 循环，直到用户输入 42

while numberGuess != '42':
    print("Sinister Loop stands before you!")
    print("I'll only let you capture me if you can guess the number in my
    brain!")
    print("Enter a number between 0 and 4 gajillion:")
    numberGuess = input() # 将用户输入的数字存储到 numberGuess 中

print("Sinister Loop screams in agony!")
print("How did you guess the number in his head was " + numberGuess + "?")
```

在这段代码的场景中，我们的英雄——神奇男孩面对的是凶险的循环，循环迫使神奇男孩猜出反派头脑中所想的数字。如果神奇男孩猜到了这个数字，将战胜邪恶循环。如果没有猜到呢？如果没有猜到，则会让你再次输入一个数字，一遍又一遍。很有趣吧？

在这段代码示例中，我们学习了一些新知识。我们要做一些迄今为止还没有做过的事情：创建一个名为numberGuess的变量，并将这个变量赋值为空，稍后我们将把用户输入的数字赋值给它。

接下来，我们添加 while 循环代码块。代码如下：

```
while numberGuess != '42':
```

告诉程序当变量 numberGuess 的值不等于42时执行循环体。在循环体中我们先打印几行文本，然后让用户输入一个数字。在下面这行代码中，程序将用户输入的数字存储在变量 numberGuess 中：

```
numberGuess = input()
```

input()和print()一样都是函数，只不过input()接收的是用户输入的数据。这个输入是通过用户键盘上的击键来收集的。接收到的用户键盘录入的值将赋值给赋值运算符(=)左边的变量 numberGuess 中。

现在，我们运行代码，并在输入42之前多次输入其他的数字，以查看程序的运行情况。

都体验完了？很好。简单说明一下：在本例中的 `while` 循环条件中，我们使用了不等于（!=）运算符。你可能会问，为什么我们不使用 == 运算符。原因是我们希望程序在某些东西不为真时执行循环体（或迭代）。如果我们使用 == 代替 != 的话，就是要求程序在 numberGuess 值为 42 时执行循环体，这样我们就犯了一个严重的循环逻辑错误。

这就是循环中的危险所在。如果我们让程序在变量 numberGuess 的值等于 42 时执行循环体，那么程序根本就不会执行我们的循环体。为什么呢？因为我们告诉了程序在 numberGuess 的值等于 42 时才执行循环体。但是，请记住：在判断循环条件之前，我们从未设置 numberGuess 的值。因此，当 Python 去检查 numberGuess 的值是否为 42 时，它会判定为否，并退出循环，因为只有当 numberGuess 值为 42 时循环才会执行！

如果你认为那些很难，那么请考虑以下问题：如果将 numberGuess 的初始值设置为 42，并将 while 循环条件保持为 numberGuess==42，会是什么情况呢？

在这种情况下，程序将永远循环下去。为什么？因为我们告诉它"当 numberGuess 的值为 42 时，执行循环体代码。这就是可怕的无限循环，也叫死循环，它是每个开发者的噩梦。为了好玩，让我们创建一个名为 InfiniteLoop.py 的新文件，并输入以下代码：

注意：当你运行这个程序时，一个无限循环就产生了。想要退出循环的话，你必须关闭 IDLE 窗口，并重新启动 IDLE。

```
# 创建值为 42 的变量。

numberGuess = 42

print("Sinister Loop stands before you!")
print("Behold my infinite loop!")

# 创建一个 while 循环，该循环在 numberGuess 的值为 42 时继续。

while numberGuess == 42:
    print("Loop!")
```

运行这段代码看看会发生什么。恭喜——你创造了你的第一个无限循环！从现在开始，别再那样做了！

我们来点不一样的。我们不使用数字值，而是使用文本。创建另一个名为 `WonderBoyPassword.py` 的新文件，并输入以下代码：

```
# 创建一个变量来保存神奇男孩的密码

password = ''
print("Welcome to Optimal Dad's Vault of Gadgets!")

while password != "wonderboyiscool2018":
    print("Please enter your password to access some fun tech!")
```

```
    password = input()

print("You entered the correct password!")
print("Please take whatever gadgets you need!")
print("Don't touch the Doom Canon though - that belongs to Optimal Dad!")
```

这段代码的操作与你所期望的非常相似。就像我们使用数字 '42' 的例子一样，这个程序创建了一个空变量，接下来输出一些介绍性语句。然后我们创建一个 while 循环，并设定当 password 的值不等于“wonderboyiscool2018”时执行循环体。一旦用户输入了我们设定的值“wonderboyiscool2018”，程序就退出循环，去执行接下来的 print 语句。

然而，这里有一个细微的区别。由于我们处理的是文本而不是数字数据类型，因此输入的值必须与条件中的值完全相同。也就是说，密码必须是“wonderboyiscool2018”的精确文本。大写字母必须大写，小写字母必须小写。

这是为什么呢？不需要钻研过多的细节，我们要知道的是程序中的每个字符都有一个特定的值。记住，计算机不会看到文本，相反，它看到的是翻译成机器语言的一些 1 和 0。正因为如此，计算机会把“H”和“h”看成两个不同的东西。

运行程序并输入“WonderBoyIsCool2018”或“WONDERBOYISCOOL2018”，然后观察会发生什么。

正如你所看到的，程序将执行 while 循环体，并不断请求用户输入密码。只有当你输入“wonderboyiscool2018”时，程序才会退出循环。

用这种“循环逻辑”编写循环是很常见的。事实上，在涉及密码或安全信息的程序中，这就是正确的逻辑过程。但是，如果你想忽略用户输入的文本大小写，该怎么实现呢？

有多种方法可以做到这一点。其中一个方法是将文本转换为小写字母。为此，你将使用一个新的字符串函数 str.lower()。修改 WonderBoyPassword.py 的代码为如下：

```
# 创建一个变量来保存神奇男孩的密码

password = ''
print("Welcome to Optimal Dad's Vault of Gadgets!")

while password != "wonderboyiscool2018":
    print("Please enter your password to access some fun tech!")
    password = input()
    password = password.lower()
print("You entered the correct password: ", password)
print("Please take whatever gadgets you need!")
print("Don't touch the Doom Canon though - that belongs to Optimal Dad!")
```

在这段代码中，我们添加了一行新代码：

```
password = password.lower()
```

这行代码接收变量password中的数据并将其转换为小写形式。这样，当循环检查密码是否正确时，就不需要担心用户是否输入了大写字母。

注意：

要使字符串全部小写，可以使用str.lower()。

举例：password.lower()

要使字符串全部大写，可以使用str.upper()。

举例：password.upper()

5.2　循环限制

虽然我们允许循环可以无限执行，但常常希望限制循环的次数。例如，在WonderBoyPassword.py代码中，我们允许用户随意猜测密码，直到给出正确的密码，程序才会退出。然而，这可能不是编写这样的程序的最佳方式。

在处理密码或者需要限制循环执行的次数时，可以创建一个条件，如果满足给定的条件，就中断循环。

要查看break的使用，请编辑WonderBoyPassword.py中的代码为如下：

```
# 创建一个变量来保存神奇男孩的密码

password = ''

passwordAttempt = 0

print("Welcome to Optimal Dad's Vault of Gadgets!")

while password != "wonderboyiscool2018":
    print("Please enter your password to access some fun tech!")
    password = input()
    password = (password.lower())
    passwordAttempt = passwordAttempt + 1

    if password == "wonderboyiscool2018":
        print("You entered the correct password: ", password)
        print("Please take whatever gadgets you need!")
        print("Don't touch the Doom Canon though - that belongs to Optimal
        Dad!")

    elif passwordAttempt == 3:
        print("Sorry, you are out of attempts!")
        break
```

在这个版本的 WonderBoyPassword.py 中，我们添加了几行新代码。首先，我们定义了一个名为 passwordAttempt 的新变量，并将 passwordAttempt 的值设为 0。此变量用来记录猜测密码已经尝试的次数。每当用户猜错时，循环都会自动重复，多亏了这行代码：

```
passwordAttempt = passwordAttempt + 1
```

每次执行时将 passwordAttempt 的值增加 1。然后我们添加了两个 if 语句。如果用户猜出了正确的密码，将触发第一个 if 语句，并输出一些文本。如果 passwordAttempt 的值等于 3（用户已经进行了三次尝试），就会触发 elif 语句，并输出一些表示抱歉的文本，然后使用 break 语句退出 while 循环。

多测试几次这段代码，测试的时候，确保至少猜测密码错误三次，正确猜测密码一次。

5.3 for 循环

另一种确保循环只重复指定次数的方法是使用 for 循环。当你知道循环要执行的次数时，通常会使用这种循环。引入 for 循环的一种普遍方法是创建一个对一串数字（如 1 ～ 10）进行计数的程序。然而，我们不是普通的开发者——我们是代码领域的超级英雄。因此，我们需要的是特殊的程序。来看邪恶的反派！ Count10.py 中的例子！

```
print("Sinister Loop, I know you are in there!")
print("If you don't come out of the cafeteria freezer by the time I count
to 10...")
print("You won't get any of that delicious stop-sign shaped pizza!")

for x in range(1,11):
    print(x)

print("I warned you! Now all the pizza belongs to Wonder Boy!")
```

这段代码中的重要部分是：

```
for x in range(1,11):
    print(x)
```

从 for 开始这个循环。'x' 是一个变量（你可以随意命名这个变量，通常开发者将它命名为“i”或“x”），它将保存循环的次数。事实上，以这种方式使用的变量称为循环变量。接下来，使用 range 函数来告诉循环要遍历的序列。一个序列可以由一个数字范围组成，也可以使用文本（下面详细介绍）。

range 后面括号中的两个数字是函数的开始和结束参数。这个例子从 1 数到 10，所以把起始点设为 1，结束点设为 11。虽然我们希望在 10 处停止，但是这里选择使用 11，因为 range 不包含结束点的数字。也可以从 0 开始，到 10 结束，如果我们想要给邪恶的循环在冷冻室里待的时间长一点，我们也可以从 12 开始，到 1 000 000 结束。(但是，那样的话，它可能会被冻死！)

最后，用 `print(x)` 打印循环执行的次数。一旦到达“10”，程序就会结束 for 循环，去执行 for 循环之后的代码，也就是最后一条打印语句。

如果运行程序，将会得到如下结果：

```
Sinister Loop, I know you are in there!
If you don't come out of the cafeteria freezer by the time I count to 10...
You won't get any of that delicious stop-sign shaped pizza!
1
2
3
4
5
6
7
8
9
10
I warned you! Now all the pizza belongs to Wonder Boy!
```

如果想让代码更生动一些，在 for 循环中的 print 语句里，我们可以添加一些文本，就像这样：

```
print("Sinister Loop, I know you are in there!")
print("If you don't come out of the cafeteria freezer by the time I count
to 10...")
print("You won't get any of that delicious stop-sign shaped pizza!")

for x in range(1,11):
    print(x, "Mississippi")

print("I warned you! Now all the pizza belongs to Wonder Boy!")
```

我们所做的只是把

```
print(x)
```

修改为

```
print(x, "Mississippi")
```

这给了我们一个新的运行结果：

```
Sinister Loop, I know you are in there!
If you don't come out of the cafeteria freezer by the time I count to 10...
You won't get any of that delicious stop-sign shaped pizza!
1 Mississippi
2 Mississippi
3 Mississippi
4 Mississippi
5 Mississippi
6 Mississippi
7 Mississippi
8 Mississippi
9 Mississippi
10 Mississippi
I warned you! Now all the pizza belongs to Wonder Boy!
```

在这里，我们所做的就是将“Mississippi”这个单词添加到循环的输出语句中。

除了向上计数，range 还可以向下计数。为了实现这一点，我们需要使用一个叫作 step 的东西。step 是 range() 的一个可选参数，用于指定向上或向下“step”的数字。例如，如果想要从 10 倒数到 1，我们可以写这样一个 for 循环：

```
for x in range(10,0, -1):
print(x)
```

循环中的 -1 指的是 step，简单来说是告诉程序每次减 1。如果运行这段代码，它的结果将是：

```
10
9
8
7
6
5
4
3
2
1
```

如果将 step 设为 -2，倒数时将每次减去 2。

```
for x in range (10,1 -2):
print(x)
```

那么结果会是：

```
10
8
```

```
6
4
2
```

如果我们想要以 2 为增量进行计数，不用写 + 号，只需将 step 设置为 2，就像这样：

```
for x in range(1,10,2):
    print(x)
```

结果将是：

```
1
3
5
7
9
```

5.4 for 循环的更多趣事

当然，打印数字并不是 for 循环的唯一用处。就像前面所说的，只要我们知道循环要执行的次数，for 循环就是最好的选择。

例如，如果我们想要惹人烦，在屏幕上打印一大堆同样的文本，我们的朋友 for 循环可以帮忙！

```
for x in range(1,10):
    print("Wonder")

print("Boy!")
```

这一小段代码将在循环结束前输出 9 次“Wonder”，并在最后输出“Boy!”。如果你在后面加上很酷的主题音乐，那么，你就已经准备好你自己的电视连续剧了！

for 循环的另外一个用途就是遍历列表。假设我们有一个邪恶的反派名单，并且想要打印出他们的名字。可以用类似这样的代码来实现：

```
nefariousVillains = ['Sinister Loop', 'The Pun-isher', 'Jack Hammer',
'Frost Bite', 'The Sequin Dream']

print("Here is a list of today's villains, brought to you by:")
print("Heroic Construction Company. You destroy the city, we make it
almost, sort of new.")
print("Villains Most Vile:")

for villains in nefariousVillains:
    print(villains)
```

这里创建了一个列表（我们曾在第 3 章中讨论过列表，你应该还记得）。然后我们用各种各样的反派填充了这个列表。接下来，打印出一些文本，然后进行 for 循环：

```
for villains in nefariousVillains:
    print(villains)
```

这一次，for 循环中首先创建了一个变量 villains，它的作用是保存列表中每个元素的值（暂时）。因为我们没有设置范围，所以循环将遍历 nefariousVillains 列表中的每个元素。每次执行都会为 villains 变量分配一个不同的值。例如，第一次循环时，'Sinister Loop' 被赋值给 villains，然后打印出来。第二次循环时，'The Pun-isher' 被赋值给 villains，后者再次打印。然后继续循环，直到遍历列表中的所有元素。villains 的最终值将是 'The Sequin Dream'，在你改变数据之前，它将一直是这个值。

如果运行这段代码，结果将是：

```
Here is a list of today's villains, brought to you by:
Heroic Construction Company. You destroy the city, we make it almost, sort
of new.
Villains Most Vile:
Sinister Loop
The Pun-isher
Jack Hammer
Frost Bite
The Sequin Dream
```

5.5 break、continue 和 pass 语句

虽然循环可用于迭代代码的一部分，但有时我们会发现需要一种提前结束循环、跳过循环的一部分或处理一些不属于循环的数据的方法。这里有三个语句可以帮助我们完成这些事情，具体是：break、continue 和 pass。

在前面的学习中，我们了解了 break。在某种特定的条件下，我们可以使用 break 提前退出循环。例如，在 WonderBoyPassword.py 程序中，当用户已经尝试输入了三次密码还没有输入正确的时候，我们使用 break 退出了程序。由于在前面已经学习过这个语句，现在，我们就进入 continue 语句。

continue 语句允许你跳过本次循环中的一部分，而不会像 break 语句那样完全跳出循环。想想看：如果你有一个从 10 开始倒数的程序，但是在中间你想打印一些文本，则可以通过 continue 来实现这一点。

让我们创建一个名为 DoomsdayClock.py 的新文件。在这个程序中，邪恶的循环已经

开启了一个预示着你的末日的计时器。然而，反派总是很啰唆，所以如果他在倒计时的某个时刻有什么话要说，不要惊讶！

把这些代码输入到你的文件中：

```
print("The nefarious Sinister Loop stands before you, greedily rubbing his
hands together!")
print("He has his hand on a lever and has a large grin on his face.")
print("Sinister Loop opens his mouth and says:")
print("'You are doomed now Wonder Boy!'")
print("'You have ten seconds to live! Listen as I count down the time!'")

for x in range(10,0,-1):
    print(x, "Mississippi!")

# 当 x 等于 5 时，打印一些文本，然后继续倒计时。

    if x==5:
        print("'Any last words, Wonder Boy?!?'")
        continue

print("You wait for your inevitable doom as the count reaches 0...")
print("But nothing happens!")
print("Sinister Loop screams, 'Foiled Again!'")
```

运行示例并观察结果，它应该是这样的：

```
The nefarious Sinister Loop stands before you, greedily rubbing his hands
together!
He has his hand on a lever and has a large grin on his face.
Sinister Loop opens his mouth and says:
'You are doomed now Wonder Boy!'
'You have ten seconds to live! Listen as I count down the time!'
10 Mississippi!
9 Mississippi!
8 Mississippi!
7 Mississippi!
6 Mississippi!
5 Mississippi!
'Any last words, Wonder Boy?!?'
4 Mississippi!
3 Mississippi!
2 Mississippi!
1 Mississippi!
You wait for your inevitable doom as the count reaches 0...
But nothing happens!
Sinister Loop screams, 'Foiled Again!'
```

这段代码的工作原理与其他的 for 循环一样。有一个小例外，一旦程序运行到 if 语句，它就检查 'x' 是否等于 5。由于我们将 range 设置为从 10 到 0，并以 -1 为增量进行倒计时，因此我们知道在代码进行第五次重复时，'x' 将等于 5，这时，我们的条件就满足了，然后打印文本 "Any last words Wonder Boy?!?"，并在再次进入循环之前有效地暂停一下循环（实际上，我们跳过了一个迭代，以便打印一些文本）。

在 continue 语句之后，程序完成正常的循环，然后正常退出。

到目前为止，我们已经了解了如何在满足特定条件时退出循环，或者如何跳过循环中的迭代（分别使用 break 和 continue）。我们要学的下一个语句似乎没那么有用，事实上，总体上来看，它还是很重要的。

pass 语句在处理类（我们将在第 8 章讨论这个主题）时特别有用。然而，就循环而言，pass 语句主要用作占位符。当你正在规划一段代码，但不完全确定你的标准是什么时，它是一个很好的工具。

例如，在 DoomsdayClock.py 程序中，我们在循环中放置了一个 if 语句，当变量等于数字 5 时，就会打印一些文本。然而，如果我们不确定想要输出的文本是什么，或者在倒计时中想要把文本打印到哪里，该怎么办呢？也许我们正在等待一个同事的反馈，然后又不得不回到那部分代码。

pass 语句将允许我们放置条件，而不需要定义当条件满足时会发生什么，也不需要担心因为我们没有完善代码而报错。这样，当我们以后弄清楚希望在循环的那一部分发生什么时，就可以在以后完善其余的代码。

下面是将 pass 语句插入我们的 DoomsdayClock.py 中的样子：

```
print("The nefarious Sinister Loop stands before you, greedily rubbing his
hands together!")
print("He has his hand on a lever and has a large grin on his face.")
print("Sinister Loop opens his mouth and says:")
print("'You are doomed now Wonder Boy!'")
print("'You have ten seconds to live! Listen as I count down the time!'")

for x in range(10,0,-1):
    print(x, "Mississippi!")
# 当 x 等于 5 时，打印一些文本，然后继续倒计时。

    if x==5:
        pass

print("You wait for your inevitable doom as the count reaches 0...")
print("But nothing happens!")
print("Sinister Loop screams, 'Foiled Again!'")
```

如果运行这段代码，你将看到当程序运行到 if 语句时什么也没有发生——程序只是正常运行。但是，如果从语句中删除 pass，则会收到一个错误，因为 Python 期望更多的代码来完成 if 语句。你自己试试看!

5.6　本章小结

我们在这一章中讲了很多，如果你觉得有点糊涂，我一点也不怪你。虽然本章可能是迄今为止最难掌握的，但好消息是，一旦掌握了循环的使用，你就确实拥有了创建一个相当不错的真实程序所需的几乎所有工具。

当然，你也许还不能走进办公室，并得到一个像世界顶级开发者那样高薪的工作，但是，嘿，你还是个孩子！在未来的竞争中，你已经遥遥领先了。另外，别忘了，还有整整九章呢!

学到本书的这里，你应该觉得自己学得还不错，可以自己动手编写一段代码和迷你程序。就像生活中的任何事情一样，熟能生巧，所以一定要经常练习你的新超能力。写的代码越多，就越能理解编程。

说到这里，在第 6 章中，我们将把迄今为止所学的一切都很好地加以利用，因为我们将创建第一个完全合格的程序！叫作超级英雄生成器 3000，它将用到循环、变量、if-else 语句、字符串和数学函数等。

接下来，让我们快速回顾一下本章所学到的知识。

- 循环允许你在满足 / 不满足给定条件的情况下重复（也称为迭代）部分代码。
- 当不满足判断条件或使用 range 函数时，for 循环可用于迭代。例如：

```
for x in range(1,10):
    print("Wonder Boy is here!")
```

- range() 是一个函数，它允许你在循环中迭代一定次数。它有三个参数，定义方式如下：

```
range(1, 10, 1)
```

第一个数字是起点，第二个数字是终点，第三个数字（可选）称为步长（step)。第三个参数控制 range() 计数的增量。例如，步长为 2 则循环中每次迭代的数字增加 2。

- While 循环在满足条件或标准，或计算结果布尔值为真时重复。例如：

```
    salary = 0
while salary < 10:
    print("I owe, I owe, so off to work I go.")
    salary = salary +1
```

- 无限循环是不适当的，大多数时候都要避免。通常，当你的循环编程逻辑出现缺陷或出现错误时，无限循环就会出现。它是永无止境的循环——就像糟糕的代数课一样。这里有一个例子（孩子们，不要这样做！）。

```
x = 0
while x == 0:
    print:("You down with L-O-O-P?")
    print("Yeah, you know me!")
```

因为变量 x 等于 0，条件是当 x 等于 0 时循环，那么这个循环将永远持续下去。

- str.lower() 是一个将字符串转换为小写的函数。例如：

```
name = "Wonder Boy"
print(name.lower())
```

将以全部小写字母的形式打印“wonder boy”。

- str.upper() 的工作原理与 str.lower() 相同，只是它将字符串中的所有字母都变成大写。例如：

```
name = "wonder boy"
print(name.upper())
```

- 如果满足某个条件，并且你希望它提前结束循环时，你可以使用 break 语句来强制退出（或中断）循环的迭代。
- continue 语句允许你在循环中跳过一次迭代，而不必完全退出循环。
- pass 语句是一种占位符，它允许你在创建循环时不定义那些后来才能确定的内容。通过这种方式，你可以创建循环结构，并在以后确定要写的内容，这样在测试代码时并不会报错。

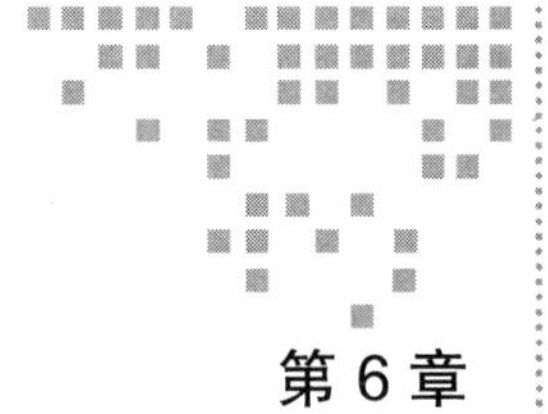

第6章 Chapter 6 学有所用

目前为止你已经走了很长的路。一开始就被一个放射性开发者咬了，当时你犯了一个不幸的错误，你试图抓住他的微波比萨饼咬。也就是从那时起，你的力量开始绽放，你证明了自己是一个可塑之才。但现在是时候真正测试你的知识和技能了。你准备好迎接挑战了吗？

在这一章中，我们将回顾你迄今为止所学到的一切，并将其用于创建你自己的完整程序。此外，你还将学习一些新的技巧，在这一章结束时，崭露头角的你将成长为真正的英雄。

你仍然会是一个神奇男孩，但至少你不用再为了不起的爸爸擦鞋了！

6.1 创建你的第一个真正的程序

在我们开始创建第一个全功能应用程序（将命名为超级英雄生成器3000）之前，我们必须知道想要程序做什么。基本概念很简单：想要一款能够随机为我们生成超级英雄角色的应用程序——这没什么大不了的，对吧？

这是一个开始，但显然我们需要更多的细节。例如，什么是英雄？他们有什么特性吗？有超能力吗？名字怎么样？所有这些问题的答案都是肯定的。

作为优秀的、英勇的开发者，总是希望规划我们创建的任何程序。我们需要知道程序的用途，它将如何运行，以及在编码和构建它时帮助我们保持正轨的任何细节。

例如，我们知道在这个程序中，将需要以下内容：

- 超级英雄的名（随机生成）
- 超级英雄的姓（随机生成）
- 将超级英雄的名 / 姓放入到单个字符串中的代码
- 在给定范围内随机生成一组属性的代码。
- 随机生成器

此外，我们还需要使用变量来保存所有的属性：名、姓和组合名字，以及超能力。还需要一个数据结构——在本例中是列表——来保存名字和超能力的值，我们将从中随机选择名字 / 超能力赋予我们的英雄。

听起来很复杂？别担心，事实并非如此。接下来我们将一步一步地通过程序的每个部分，复习已经介绍过的所有内容。也就是说，让我们戴上披风和面具，开始超级英雄生成器 3000 的第一部分！

6.2 导入模块

首先，我们的程序将依赖于两个模块——为执行一项通用任务而设计的现有代码片段，可以使用它来节省时间和减少人为错误。第一个是 `random` 模块，我们已经学过了。提醒你一下，`random` 模块可以用来随机生成数字。此外，它还允许你从列表中随机选择一个或多个值。在我们的程序中，这两种用法都会使用到。

我们要导入的第二个模块是 `time`，到目前为止还没有涉及它。它的主要功能之一是允许在程序执行时创建一个“暂停”。希望延迟执行部分代码的原因有很多。对我们来说，使用时间来制造悬念，让它看起来像程序正在计算一些复杂的东西。

让我们创建一个名为 SuperHeroGenerator3000.py 的新文件，并添加以下代码：

```
# 导入随机模块用于以后对数字和字符串的随机化
import random


# 导入时间模块以创建延迟
import time
```

6.3 创建变量

如前所述，这个程序将依赖于相当多的变量和列表来存储数据。我们将使用这些变量来保存属性。现在，你应该熟悉它们的用法以及如何定义它们。也就是说，让我们将这段代码添加到 `SuperHeroGenerator3000.py` 文件中，就在导入时间和随机模块的地方下面：

```
brains = 0
braun = 0
stamina = 0
wisdom = 0
power = 0
constitution = 0
dexterity = 0
speed = 0
answer = ' '
```

第一组变量将用来保存诸如你的角色有多聪明，他们有多强壮等数据。注意，初始值都设置为 0。在以后的应用程序中，我们将使用 random 模块来更改这些值。但是，现在必须给它们赋一个值，所以就赋了 0！

你可能会注意到，一个变量位于统计组之外，称为 answer。一旦程序运行，将向用户提出一个问题以继续，此时我们将使用 answer 字符串变量来保存用户的响应。现在，我们没有为 answer 赋具体值，稍后用户的输入将填充它。

6.4 定义列表

列表用于存放多个数据。SuperHeroGenerator3000.py 应用程序依赖于三个列表：一个列表包含可能的超能力——命名为 superPowers ——而另两个列表则分别包含可能的名和姓。

在稍后的程序中，我们将使用 random 模块从这些列表中取值，以此来赋予英雄名字和超能力。现在，需要创建列表并为它们指定一些值。

注意： 现在，先使用我提供的值。在你测试了几次这个程序之后，你可以自由地把你的古怪名字组合和超级英雄的能力添加到这些列表中——要有创意，要有乐趣！

下面是这些列表相关的代码——将其添加到你的文件中，就在变量列表的下面：

```
# 创建可能的超能力列表
superPowers = ['Flying', 'Super Strength', 'Telepathy', 'Super Speed',
'Can Eat a Lot of Hot Dogs', 'Good At Skipping Rope']
# 创建可能的名和姓列表
superFirstName = ['Wonder','Whatta','Rabid','Incredible', 'Astonishing',
'Decent', 'Stupendous', 'Above-average', 'That Guy', 'Improbably']
superLastName = ['Boy', 'Man', 'Dingo', 'Beefcake', 'Girl', 'Woman', 'Guy',
'Hero', 'Max', 'Dream', 'Macho Man','Stallion']
```

现在我们已经准备好了数据结构，是时候进入代码的下一部分了。

6.5 介绍性文本和接受用户输入

我们代码的下一部分用来向用户打招呼并接收他们的一些输入。正如第5章中所学习的，我们可以使用 input() 函数接收来自用户的输入。添加以下代码到文件中，就在你新创建的列表下面：

```
# 介绍性文本

print("Are you ready to create a super hero with the Super Hero Generator
3000?")

# 向用户提问并提示他们回答
# input()“监听”他们在键盘上输入的内容
# 然后我们使用 upper() 将用户的答案全部转换为大写字母

print("Enter Y/N:")

answer = input()
answer = answer.upper()
```

为了简化工作，在接收用户输入之后，我们将他们的答案全部转换为大写字母。为什么要这么做呢？为了避免我们在回答时同时检查大小写组合。如果我们没有将文本全部转换成大写，我们将不得不检查“yes”“Yes”“yEs”“yeS”等。转换字符串并检查一个简单的“YES”(在本例中为“Y”）要容易得多，也更有效。

我们使用一个 while 循环来检查用户的答案，当答案的值不等于“Y”时，这个循环会重复。一旦条件满足，while 循环结束，程序就会继续，真正的乐趣就开始了！

将 while 循环添加到你的代码中，就在介绍性文本和 input() 下面：

```
# While 循环检查答案“Y”
# 当应答值不是“Y”时，此循环将继续
# 只有当用户输入“Y”时，循环才会退出，程序才会继续

while answer != "Y":
    print("I'm sorry, but you have to choose Y to continue!")
    print("Choose Y/N:")
    answer = input()
    answer = answer.upper()

print("Great, let's get started!")
```

6.6 制造悬念

就像在真正的写作中一样，在计算机编程中，有时会想要添加悬念或视觉上的暂停效果，让用户认为一些很酷的事情正在发生。或者我们可能希望间歇暂停一下程序，让

用户有时间阅读屏幕上的文本，而不是让它滚动得太快。

无论在什么情况下，我们都可以通过使用一个你还没有学过的新模块来实现这种视觉效果：time()。

虽然我们将在代码中使用 time()，但目前还不会完整地介绍它，只是想使用这个方便的新工具的一个方面，那就是利用它的 `sleep` 函数。

和其他函数一样，time 模块可以接收参数——六个常用参数和几个不常用的参数。sleep 会在你的程序中产生一个暂停，以秒为单位，在我们看来就像这样：

time.sleep(3)

括号中的数字是你希望暂停的秒数。把它添加到代码中，就可以暂停程序了。但，如前所述，我们想让它有一些视觉效果！因此，我们不单独使用 time.sleep()，而是在用户屏幕上打印一些省略号 (...) 来模拟一些等待时间。这样看起来更酷！

为此，将把 time() 函数放在一个 for 循环中，循环重复三次。每次循环，我们的程序都会把省略号 (...) 打印到用户的屏幕上。

将此代码添加到你的 .py 文件中：

```
print("Randomizing name...")

# 使用 time() 函数制造悬念

for i in range(3):
    print("...........")
    time.sleep(3)

print("(I bet you can't stand the suspense!)")
print("")
```

理论上，如果我们在此时运行程序，将在屏幕上看到以下输出：

```
Are you ready to create a super hero with the Super Hero Generator 3000?
Enter Y/N:
y
Great, let's get started!
Randomizing name...
...........
...........
...........
(I bet you can't stand the suspense!)
```

当 `time()` 函数开始工作时，“.........”行中的每一行打印时间正好为 3 秒，创建了我们“视觉上的暂停效果”。

现在我们已经有了介绍性的文本，了解了如何在程序中暂停或创建一个停顿，并有

了初始变量 / 列表，以及导入了模块，是时候进入应用程序的核心了！

在下一节中，我们将创建随机生成超级英雄的所有不同部分的代码。为此，我们要依赖之前提到过的 random() 模块。

6.7 随机生成超级英雄的名字

每个超级英雄都需要以下五样东西：

- ❑ 酷的着装
- ❑ 超能力
- ❑ 无伤大雅的收入来源，让他们永远不会被人看到在做日常工作
- ❑ 用纸巾擦去那些孤独的微波炉晚餐留下的眼泪（超级英雄们没有时间约会！）
- ❑ 当然，还要有一个很棒的名字

SuperHeroGenerator3000 代码的下一步是对姓名生成部分进行编程。你可能还记得，我们在前面创建了两个包含超级英雄名和姓的列表。提醒一下你，以下是这两个列表：

```
superFirstName = ['Wonder','Whatta','Rabid','Incredible', 'Astonishing',
'Decent', 'Stupendous', 'Above-average', 'That Guy', 'Improbably']

superLastName = ['Boy', 'Man', 'Dingo', 'Beefcake', 'Girl', 'Woman', 'Guy',
'Hero', 'Max', 'Dream', 'Macho Man','Stallion']
```

姓名生成部分代码的背后思路是，我们希望从这两个列表中各提取一个值，并将它们合并为一个，从而创建英雄的姓名。有许多方法可以实现这一点，但是出于我们的目的，我们希望随机选择两个值——这样每次运行程序时，它都会创建一个唯一的姓名组合。

在深入研究之前，让我们先来看看实现这种效果的代码。将以下代码添加到你的 SuperHeroGenerator3000.py 文件中，就在使用 time() 后的代码下面：

```
# 随机化超级英雄名字
# 我们从两个名单中各选一个名字
# 并将其添加到变量 superName 中

superName = random.choice(superFirstName)+ " " +random.choice(superLastName)

print("Your Super Hero Name is:")
print(superName)
```

这段代码非常容易理解。我们首先创建了一个名为 superName 的变量，它的作用是保存英雄的名和姓的组合（名和姓从列表 superFirstName 和 superLastName 获得）。

接下来，使用 random()——特别是 random.choice——从列表 superFirstName 中随机选择一个值，从 superLastName 中随机选择一个值。这是代码行中的一部分：

`+ " " +`

看起来似乎令人困惑。然而，它的目的很简单。在本例中，+ 符号用于将两个字符串连接在一起。由于我们希望在名和姓之间有一个空格，所以还必须在它们之间通过添加 " " 来连接一个空格。否则，可以只写 `random.choice(superFirstName) + random.choice(superLastName)`。

最后，使用 print(superName) 打印出新创建的 superName 的值来结束程序的这一部分。

现在，如果运行我们的程序，结果会是这样的：

```
Are you ready to create a super hero with the Super Hero Generator 3000?
Enter Y/N:
y
Great, let's get started!
Randomizing name...
...........
...........
...........
(I bet you can't stand the suspense!)
Your Super Hero Name is:
Improbably Max
```

或者

```
Are you ready to create a super hero with the Super Hero Generator 3000?
Enter Y/N:
y
Great, let's get started!
Randomizing name...
...........
...........
...........
(I bet you can't stand the suspense!)

Your Super Hero Name is:
Stupendous Hero
```

注意：由于值是随机生成的，你的超级英雄姓名可能会不同于我提供的例子。

6.8 快速检查

在继续之前，让我们检查一下你的代码是否与我的匹配。如果你一直按照本文的思路并按照正确的顺序排列代码，那么你的程序应该如下所示。如果没有，不用担心——

只需修改你的代码以匹配我的代码并重新阅读相应章节找出问题所在即可！

你的代码现在应该是这样：

```
# 导入随机模块用于以后对数字和字符串的随机化

import random

# 导入时间模块以创建延迟

import time

# 创建或初始化我们的变量将保存我们的数据

brains = 0
braun = 0
stamina = 0
wisdom = 0
power = 0
constitution = 0
dexterity = 0
speed = 0

answer = ''

# 创建可能的超能力列表

superPowers = ['Flying', 'Super Strength', 'Telepathy', 'Super Speed',
'Can Eat a Lot of Hot Dogs', 'Good At Skipping Rope']

# 创建可能的名和姓列表

superFirstName = ['Wonder','Whatta','Rabid','Incredible', 'Astonishing',
'Decent', 'Stupendous', 'Above-average', 'That Guy', 'Improbably']

superLastName = ['Boy', 'Man', 'Dingo', 'Beefcake', 'Girl', 'Woman', 'Guy',
'Hero', 'Max', 'Dream', 'Macho Man','Stallion']

# 介绍性文本

print("Are you ready to create a super hero with the Super Hero Generator
3000?")

# 向用户提问并提示他们回答
# 使用 input() “监听”他们在键盘上输入的内容
# 然后使用 upper() 将用户答案全部转换为大写字母

print("Enter Y/N:")

answer = input()
answer = (answer.upper())

# While 循环会检查答案是否是“Y”
# 当答案的值不是“Y”时，此循环将继续
# 只有当用户输入“Y”时，循环才会退出，程序才会继续
```

```
while answer != "Y":
    print("I'm sorry, but you have to choose Y to continue!")
    print("Choose Y/N:")
    answer = input()
    answer = answer.upper())

print("Great, let's get started!")

print("Randomizing name...")

# 使用 time() 函数制造悬念

for i in range(3):
    print("..........")
    time.sleep(3)

print("(I bet you can't stand the suspense!)")
print("")

# 随机化超级英雄名字
# 我们从两个名单中各选一个名字
# 并将其添加到变量 superName 中

superName = random.choice(superFirstName)+ " " +random.choice(superLastName)

print("Your Super Hero Name is:")
print(superName)
```

6.9 随机超能力

现在有趣的部分来了——随机产生我们的英雄的超能力！就像 superFirstName 和 superLastName 列表一样，你应该记得我们已经创建了一个包含超能力的列表 superPowers，它的名字非常贴切。从这个列表中，我们将选择我们的超级英雄拥有什么样的力量。

注意： 当我们完成了整个程序，并且你已经测试了好几次之后，请随意将你自己的超能力组合添加到超能力列表中——玩得开心，尽可能地有创意！

将以下代码添加到你的 superHeroGenerator3000.py 文件中，将其直接放在随机生成英雄姓名的代码下面：

```
print("")
print("Now it's time to see what super power you have!)")
print("(generating super hero power...)")

# 再次创造视觉效果
```

```
for i in range(2):
    print("..........")
    time.sleep(3)

print("(nah...you wouldn't like THAT one...)")

for i in range(2):
    print("..........")
    time.sleep(3)

print("(almost there....)")

# 从超能力列表中随机选择一个超能力
# 并将其分配给变量 power

power = random.choice(superPowers)

# 打印出变量 power 和一些文本
print("Your new power is:")
print(power)
print("")
```

正如你所看到的，这段代码首先将一些文本打印到用户的屏幕上，通知他们即将生成英雄的超能力。之后，我们使用 time.sleep()，不是一次，而是两次，以创建更视觉化的效果并降低程序运行速度。这一次，我们只打印了两行“……”每次通过我们的 for 循环都持续 3 秒。

代码的下一部分：

```
power = random.choice(superPowers)
```

创建一个名为 power 的新变量，然后从 superPowers 列表中为它分配一个随机值。最后，打印 power 的值，这样用户就可以看到选择了什么超能力。

如果我们在这个时候运行这个程序，理论上，我们会得到类似于下面的结果：

```
Are you ready to create a super hero with the Super Hero Generator 3000?
Enter Y/N:
y
Great, let's get started!
Randomizing name...
..........
..........
..........
(I bet you can't stand the suspense!)

Your Super Hero Name is:
Astonishing Dingo

Now it's time to see what super power you have!)
```

```
(generating super hero power...)
...........
...........
(nah...you wouldn't like THAT one...)
...........
...........
(almost there....)
Your new power is:
Flying
```

或类似于下面的结果

```
Are you ready to create a super hero with the Super Hero Generator 3000?
Enter Y/N:
y
Great, let's get started!
Randomizing name...
...........
...........
...........
(I bet you can't stand the suspense!)

Your Super Hero Name is:
Astonishing Stallion

Now it's time to see what super power you have!)
(generating super hero power...)
...........
...........
(nah...you wouldn't like THAT one...)
...........
...........
(almost there....)
Your new power is:
Can Eat a Lot of Hot Dogs
```

记住，你的结果可能不同，因为超能力和超级英雄的名字是随机产生的。

6.10 完成程序

我们即将完成你创建的第一个完整的程序！

应用程序的最后一部分将随机生成英雄的属性。你可能还记得，在我们的代码开始时，我们创建了七个变量（`brains`、`braun`、`stamina`、`wisdom`、`constitution`、`dexterity` 和 `speed`)、并将每个变量赋值为 `0`。

在下面的代码中，我们将用一个随机的整数值（从 1 到 20）为这七个表示英雄属性的变量赋值。使用 random.randint() 函数来实现这一点，我们在第 2 章中讨论过它。

将以下内容添加到你的 SuperHeroGenerator3000.py 文件中：

```
print("Last but not least, let's generate your stats!")
print("Will you be super smart? Super strong? Super Good Looking?")
print("Time to find out!")

# 制造视觉效果并再次减慢程序速度

for i in range(3):
    print("..........")
    time.sleep(3)

# 用新值随机填充下面的每个变量
# 新值的范围为 1-20

brains = random.randint(1,20)
braun = random.randint(1,20)
stamina = random.randint(1,20)
wisdom = random.randint(1,20)
constitution = random.randint(1,20)
dexterity = random.randint(1,20)
speed = random.randint(1,20)
# 打印属性

print("Your new stats are:")
print("")
print("Brains: ", brains)
print("Braun: ", braun)
print("Stamina: ", stamina)
print("Wisdom: ", wisdom)
print("Constitution: ", constitution)
print("Dexterity: ", dexterity)
print("Speed: ", speed)
print("")

# 打印生成的超级英雄的完整总结
# 这包括英雄的名字、超能力和属性

print("Here is a summary of your new Super Hero!")
print("Thanks for using the Super Hero Generator 3000!")
print("Tell all your friends!")
print("")
print("Character Summary:")
```

```
print("")
print("")
print("Super Hero Name: ", superName)
print("Super Power: ", power)
print("")
print("Brains: ", brains)
print("Braun: ", braun)
print("Stamina: ", stamina)
print("Wisdom: ", wisdom)
print("Constitution: ", constitution)
print("Dexterity: ", dexterity)
print("Speed: ", speed)
```

如果我们查看新代码的部分：

```
brains = random.randint(1,20)
braun = random.randint(1,20)
stamina = random.randint(1,20)
wisdom = random.randint(1,20)
constitution = random.randint(1,20)
dexterity = random.randint(1,20)
speed = random.randint(1,20)
```

可以看到给变量分配一个随机整数值非常容易。括号中的数字表示允许范围的最小值和最大值；数字始终在 1 到 20 之间。

6.11 超级英雄生成器 3000 的完整代码

现在是时候享受我们完成的第一个项目的荣耀了！我们需要做的最后一件事是确保你的代码与本书中的代码完全匹配。一旦我们这样做了，你就可以自由地反复运行程序，改变列表的值，并邀请你所有的朋友和老师来生成他们自己的超级英雄！

下面是 `SuperHeroGenerator3000.py` 的全部代码——比较一下你的代码，确保它一致：

```
# 导入随机模块用于以后对数字和字符串的随机化

import random

# 导入时间模块以创建延迟

import time

# 创建或初始化我们的变量将保存我们的数据

brains = 0
braun = 0
```

```
stamina = 0
wisdom = 0
power = 0
constitution = 0
dexterity = 0
speed = 0

answer = ''
# 创建可能的超能力列表

superPowers = ['Flying', 'Super Strength', 'Telepathy', 'Super Speed', 'Can
Eat a Lot of Hot Dogs', 'Good At Skipping Rope']

# 创建可能的名和姓列表

superFirstName = ['Wonder','Whatta','Rabid','Incredible', 'Astonishing',
'Decent', 'Stupendous', 'Above-average', 'That Guy', 'Improbably']

superLastName = ['Boy', 'Man', 'Dingo', 'Beefcake', 'Girl', 'Woman', 'Guy',
'Hero', 'Max', 'Dream', 'Macho Man','Stallion']

# 介绍性文本

print("Are you ready to create a super hero with the Super Hero Generator
3000?")

# 向用户提问并提示他们回答
# input() “监听” 他们在键盘上输入的内容
# 然后我们使用 upper() 将用户的答案全部转换为大写字母

print("Enter Y/N:")

answer = input()
answer = (answer.upper())

# While 循环检查答案 “Y”
# 当应答值不是 “Y” 时，此循环将继续
# 只有当用户输入 “Y” 时，循环才会退出，程序才会继续

while answer != "Y":
    print("I'm sorry, but you have to choose Y to continue!")
    print("Choose Y/N:")
    answer = input()
    answer = (answer.upper())

print("Great, let's get started!")

print("Randomizing name...")

# 使用 time() 函数制造悬念

for i in range(3):
    print("..........")
```

```
    time.sleep(3)

print("(I bet you can't stand the suspense!)")
print("")

# 随机化超级英雄名字
# 我们从两个名单中各选一个名字
# 并将其添加到变量 superName 中

superName = random.choice(superFirstName)+ " " +random.choice(superLastName)

print("Your Super Hero Name is:")
print(superName)
print("")
print("Now it's time to see what super power you have!)")
print("(generating super hero power...)")

# 制造视觉效果

for i in range(2):
    print("...........")
    time.sleep(3)

print("(nah...you wouldn't like THAT one...)")

for i in range(2):
    print("...........")
    time.sleep(3)

print("(almost there....)")

# 从超能力名单中随机选择一个超能力
# 并将其分配给变量 power

power = random.choice(superPowers)

# 打印出变量 power 和一些文本

print("Your new power is:")
print(power)
print("")

print("Last but not least, let's generate your stats!")
print("Will you be super smart? Super strong? Super Good Looking?")
print("Time to find out!")

# 制造视觉效果并再次减慢程序速度

for i in range(3):
    print("...........")
    time.sleep(3)

# 用新值随机填充下面的每个变量
# 新值的范围为 1-20
```

```
brains = random.randint(1,20)
braun = random.randint(1,20)
stamina = random.randint(1,20)
wisdom = random.randint(1,20)
constitution = random.randint(1,20)
dexterity = random.randint(1,20)
speed = random.randint(1,20)

# 打印属性

print("Your new stats are:")
print("")
print("Brains: ", brains)
print("Braun: ", braun)
print("Stamina: ", stamina)
print("Wisdom: ", wisdom)
print("Constitution: ", constitution)
print("Dexterity: ", dexterity)
print("Speed: ", speed)
print("")

# 打印生成的超级英雄的完整总结
# 这包括英雄的名字、超能力和属性

print("Here is a summary of your new Super Hero!")
print("Thanks for using the Super Hero Generator 3000!")
print("Tell all your friends!")
print("")
print("Character Summary:")
print("")
print("")
print("Super Hero Name: ", superName)
print("Super Power: ", power)
print("")
print("Brains: ", brains)
print("Braun: ", braun)
print("Stamina: ", stamina)
print("Wisdom: ", wisdom)
print("Constitution: ", constitution)
print("Dexterity: ", dexterity)
print("Speed: ", speed)
```

当你运行这个程序时，你应该会看到类似下面的结果，记住，超级英雄的名字、超能力和属性值都是不同的，因为它们都是随机生成的——我知道，我喋喋不休，不断重复很多次了！

可能的结果：

```
Are you ready to create a super hero with the Super Hero Generator 3000?
Enter Y/N:
y
Great, let's get started!
Randomizing name...
...........
...........
...........
(I bet you can't stand the suspense!)

Your Super Hero Name is:
Wonder Man

Now it's time to see what super power you have!)
(generating super hero power...)
...........
...........
(nah...you wouldn't like THAT one...)
...........
...........
(almost there....)
Your new power is:
Good At Skipping Rope

Last but not least, let's generate your stats!
Will you be super smart? Super strong? Super Good Looking?
Time to find out!
...........
...........
...........
Your new stats are:

Brains:  8
Braun:  13
Stamina:  5
Wisdom:  15
Constitution:  20
Dexterity:  11
Speed:  9

Here is a summary of your new Super Hero!
Thanks for using the Super Hero Generator 3000!
Tell all your friends!

Character Summary:

Super Hero Name:  Wonder Man
Super Power:  Good At Skipping Rope
```

```
Brains:  8
Braun:  13
Stamina:  5
Wisdom:  15
Constitution:  20
Dexterity:  11
Speed:  9
```

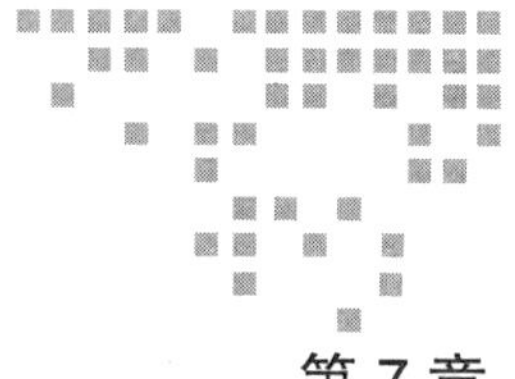

第 7 章 Chapter 7

通过函数、模块和内置对象节省时间

现在我们已经正式创建了第一个完整的 Python 应用程序（如果你跳过了，请回头看第 6 章），是时候开始学习如何真正利用我们的编程能力来成为我们所能成为的最好的开发者了。

在本书前面的内容中，我们已经谈到了尽可能高效地使用代码的重要性。高效的编码不仅可以提高我们一天所能完成的工作量，它还有其他一些好处。首先，它有助于确保我们的程序尽可能少地使用计算机的内存和处理能力，其次，它有助于减少代码中的错误数量。后者之所以能够实现，自然是因为我们输入的内容越少，输入错误内容、产生编程逻辑错误或语法错误的可能性就越小。

在编写新程序时，复用经过测试和验证的代码片段也是高效工作的一部分。这些代码通常是为执行常见任务而编写的，可以是几行简单的代码，也可以是数千行代码。然而，关键的一点是我们知道这些代码很有用，有了它们我们就不用一遍又一遍地输入所有的代码。我们可以简单地将它们保存在它们自己的小文件中，并根据需要将它们导入到我们的程序中，从而大大地节省时间和减少错误。

当以这种方式使用时，这些代码片段称为模块。简单地说，模块就是一个包含代码的文件。就这么简单。

到目前为止，我们在本书中已经使用了包括 time 和 random 在内的几个模块。在本章中，我们不仅将学习如何创建自己的模块，还将学习 Python 提供的一些更加流行和常用的模块。毕竟，Python 中内置的大量经过实践验证的 Python 模块以及大型 Python 社区创建的模块，是 Python 成为如此强大且重要的编程语言的原因之一。

所以，准备进一步扩展你的编程能力吧，我们来深入研究超级英雄开发者的终极武器——模块！

7.1 定义模块

现在我们知道了模块是什么，你可能会想知道模块究竟可以包含什么。根据前面的定义，一个模块可以包含任何代码。它可能有一组函数，可能是向用户屏幕写入一组文本的脚本，可能包含一组变量，甚至可能是用来将其他模块导入程序中的几行代码。

只要是一个 Python 文件（.py）并包含代码，它就是一个模块。

从技术角度来讲，Python 中有三种类型的模块，分别是：

- 内置对象
- 包
- 自定义模块

7.1.1 内置对象

内置对象指的是已经成为 Python 标准库一部分的模块和函数。这些模块是在安装 Python 时预先安装好的。它们包括一些有用的函数，如 `datetime`（它允许你处理日期和时间数据类型）、`random`（用于随机生成数字）和 `SocketServer`（用于创建网络服务器框架）。

你已经熟悉了一些内置对象，因为我们已经在本书的示例中使用了它们。Python 有相当多的内置模块，要查看完整的清单，可以访问 `https://docs.python.org/3.7/py-modindex.html`。但是请注意，这个列表会随着每个版本的变化而变化，所以在访问 Python.org 网站时，一定要检查正在使用的 Python 版本。

当然，查看内置 Python 模块清单的更简单方法是使用以下代码：

```
# 打印 Python 内置模块清单
print(help("modules"))
```

当运行这段代码时，Python 会打印出你当前安装的所有内置模块的清单，如：

```
Please wait a moment while I gather a list of all available modules...
BooleanExamples             _testmultiphase     gettext       reprlib
BooleanLogic                _thread             glob          rlcompleter
ConditionalStatements       _threading_local    grep          rpc
```

```
Count10                  _tkinter       gzip          rstrip
DoomsdayClock            _tracemalloc   hashlib       run
Example1                 _warnings      heapq         runpy
InfiniteLoop             _weakref       help          runscript
LearningText             _weakrefset    help_about    sched
ListExample              _winapi        history       scrolledlist
LogicalOperatorsExample  abc            hmac          search
MathIsHard               aifc           html          searchbase
MultipleElifs            antigravity    http          searchengine
OrExample                argparse       hyperparser   secrets
PowersWeaknesses         array          idle          select
RandomGenerator          ast            idle_test     selectors
...
```

当然，能够查看内置对象的清单是很好的，但最好还知道它们的实际用途，而不是登录到互联网去搜索它们。幸运的是，Python 也有两个内置对象来帮助解决这个问题！

第一个是 .__doc__，也称为文档字符串（docstring）。你遇到的每个模块都应该有一个文档字符串作为其定义的一部分，主要用于说明函数或模块的用途。要阅读一个模块的说明文档，可以通过以下方式调用这个文档字符串：

```
# 首先，我们必须导入这个模块
import time

# 然后我们能够打印出它的说明文档

print (time.__doc__)
```

要查看其文档的模块的名称位于 .__doc__ 命令之前。如果你将上面的代码放在一个文件中并运行它，结果将如下所示：

```
This module provides various functions to manipulate time values.

There are two standard representations of time.  One is the number
of seconds since the Epoch, in UTC (a.k.a. GMT).  It may be an integer
or a floating point number (to represent fractions of seconds).
The Epoch is system-defined; on Unix, it is generally January 1st, 1970.
The actual value can be retrieved by calling gmtime(0).

The other representation is a tuple of 9 integers giving local time.
The tuple items are:
  year (including century, e.g. 1998)
  month (1-12)
  day (1-31)
  hours (0-23)
  minutes (0-59)
  seconds (0-59)
```

```
    weekday (0-6, Monday is 0)
    Julian day (day in the year, 1-366)
    DST (Daylight Savings Time) flag (-1, 0 or 1)
If the DST flag is 0, the time is given in the regular time zone;
if it is 1, the time is given in the DST time zone;
if it is -1, mktime() should guess based on the date and time.
```

还有另一种查看文档的方法，实际上你可能希望同时使用这两种方法，因为这两个命令对应的文档可能不同。例如，如果你输入这个代码：

```
# 首先，我们必须导入这个模块

import time

# 然后我们能够使用第二种方法打印出它的文档

help(time)
```

运行它，你会得到一个不同的结果，它比你使用 .__doc__ 时的文档更加冗长。

```
Help on built-in module time:

NAME
    time - This module provides various functions to manipulate time values.

DESCRIPTION
    There are two standard representations of time.  One is the number
    of seconds since the Epoch, in UTC (a.k.a. GMT).  It may be an integer
    or a floating point number (to represent fractions of seconds).
    The Epoch is system-defined; on Unix, it is generally January 1st, 1970.
    The actual value can be retrieved by calling gmtime(0).

    The other representation is a tuple of 9 integers giving local time.
    The tuple items are:
      year (including century, e.g. 1998)
      month (1-12)
      day (1-31)
      hours (0-23)
      minutes (0-59)
      seconds (0-59)
      weekday (0-6, Monday is 0)
      Julian day (day in the year, 1-366)
      DST (Daylight Savings Time) flag (-1, 0 or 1)
If the DST flag is 0, the time is given in the regular time zone;
if it is 1, the time is given in the DST time zone;
if it is -1, mktime() should guess based on the date and time.
```

这个结果实际上只是整个将要打印的文档的一小部分。

要了解两种方法的区别，请同时使用这两种方法。将此代码写入一个名为 `print-Documentation.py` 的新 Python 文件里并运行它，检查结果以查看差异：

```
# 首先，我们必须导入要查看其文档的模块
import time
# 使用 .__doc__ 或文档字符串打印文档
print (time.__doc__)
# 创建一条分界线，以便我们可以看到下一组文档的起始位置

 print("Here is what using HELP looks like...")
 print("######################################")
# 使用 help() 打印文档
help(time)
```

这段代码的结果太长，无法包含在本书中，但是你可以自己运行这个程序来查看全部文档。请务必区分哪个文档对应我们用来读取文档字符串的哪种方法。

7.1.2 包

在导入模块之前，你必须先安装它——如果它没有预先打包在你的 Python 安装路径中的话。我们可以使用一个名为 `pip` 的内置函数来安装一个非标准库中的包（或者由社区开发的包）。`pip` 在 Python 的大多数新近版本中都是自动安装的，所以除非你使用的是 Python 语言的旧版本，否则应该是已经安装好了的。

`pip` 是一个与 Python 3.4 及以上版本捆绑在一起的安装程序。要使用该程序，你必须启动命令行窗口（可以通过访问“开始菜单”，然后运行，然后输入“CMD”来启动）。在那里，只需在命令提示符中输入“pip”，就可以看到可能的 `pip` 命令列表。

现在，你只需要理解一个简单的 pip 命令：install（安装）。然而，在安装库之前，我们总是想检查一下看想要安装的包是否已经安装过。

为此回到 IDLE 界面，并输入：

```
import <模块名>
```

例如，如果我们想查看是否安装了 time 模块，可以输入：

```
import time
```

如果收到一个错误，我们便知道该特定模块尚未安装。

为了解决这个问题，我们可以返回到命令行（或 CMD）中并安装模块。在我们的例子中，会使用 pygame 包，这是一个非常流行的包，用于视频游戏的开发（将在后面的章

节中讨论这个主题）。

在命令提示符处，只需输入：

```
python -m pip install pygame
```

几秒钟后，命令行将开始下载和安装该包。安装完成后，你将看到类似于图 7-1 的消息。

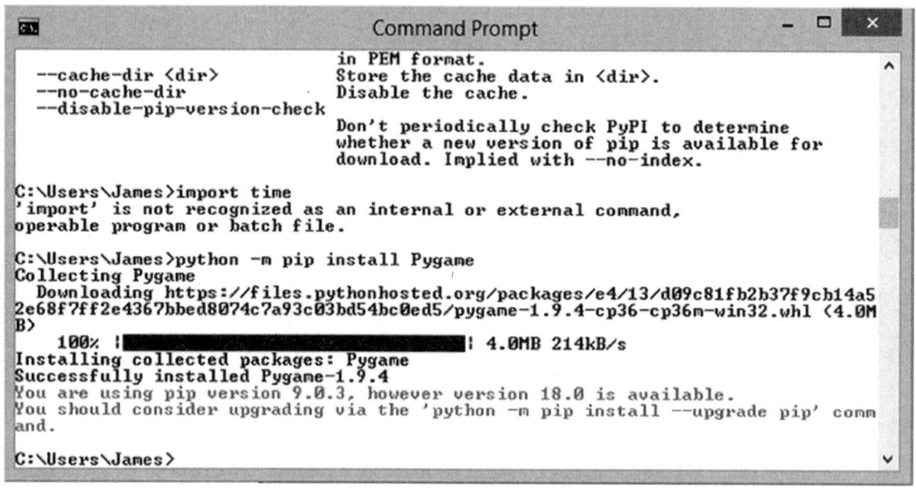

图 7-1 祝贺你！你现在已经安装了第一个 Python 包

7.1.3 创建自己的模块

使用预先存在的内置模块和包是使程序更加高效和不易出错的好方法。另一个可以用来节省时间和大量键盘敲击的工具是创建自己的模块，创建好后你就可以反复使用它。

创建模块的第一部分是创建一个函数，这样就可以从另一个程序中调用或引用该函数。本练习中需要两个 Python 文件，我们将从创建用于主程序中的实际模块开始。

创建一个名为 ourFirstModule.py 的文件，并输入以下代码：

```
# 使用 def 定义你的函数

def firstFunction():

    print("This is our first function!")
```

保存文件并尝试运行它。虽然你可以看到程序确实执行了，但实际上似乎什么都没有发生。这是因为我们只定义了函数将要做什么，但是还没有调用它，调用它就是告诉它去做些什么。

要实际使用这个函数，可以从另一个文件中调用它。

创建另一个名为 testingModule.py 的文件，并输入以下代码：

```
# 首先我们要导入自己的模块
# 我们通过使用文件名导入模块，不加扩展名 .py

import ourFirstModule

# 现在我们调用函数来使用它

ourFirstModule.firstFunction()
```

当你运行这个文件时，你应该看到以下结果：

```
This is our first function!
```

祝贺你，你已经创建了第一个模块并成功地在另一个程序中调用了它！

当然，模块中可以有多个函数，所以让我们再添加几个函数，并在 testingModule.py 文件中练习调用它们。打开 ourFirstModule.py 文件并编辑代码，如下所示：

```
# 定义你的函数

def firstFunction():

      print("This is our first function!")

# 定义第二个函数

def secondFunction():
    print("Look, a second function!")

# 定义一个变量

a = 2+3
```

接下来，我们需要编辑 testingModule.py 文件以使用新定义的函数和变量。修改代码，使其类似于以下内容：

```
# 首先我们要导入我们的模块
# 我们通过使用文件名导入模块，不加扩展名 .py

import ourFirstModule

# 现在我们调用函数来使用它

ourFirstModule.firstFunction()

# 调用第二个函数

ourFirstModule.secondFunction()

# 调用并打印模块中的变量

print("The value of a is: ",ourFirstModule.a)
```

除了调用两个函数之外，这段代码还输出变量 a 的值。我们使用代码 print(ourFirstModule.a) 实现了这一点。ourFirstModule 部分引用了 ourFirstModule.py 文件，并告诉 Python 从何处提取函数，而 .a 则告诉它要打印什么变量。例如，如果变量名为 lastName，那么代码应该改为：print(ourFirstModule.lastName)。

最后，与我们创建的任何代码一样，我们总是希望确保记录自己的工作。之前，我们使用 .__doc__ 和 help() 来打印模块的文档。现在，我们将使用多行注释（或三组 "）创建自己的文档。

打开你的 ourFirstModule.py 文件，修改第一个函数 firstFunction() 的代码，并添加以下注释：

```
# Define your function

def firstFunction():

    """ This is the documentation - or docstring - for firstFunction()
We can put examples of use here or just document what the function is for
That way future programmers - or ourselves later on - can read the
"helpfile" for our firstFunction and know what it was intended for
    """

print("This is our first function!")
```

如前一章所述，第一个缩进的 """ 和结尾的 """ 之间的所有内容都视为注释或文档。

现在，打开你的 testingModule.py 文件，让我们添加以下代码，以便打印出文档：

```
# 打印 firstFunction() 的帮助文件
help(ourFirstModule)
```

你可以将这段代码放在文件中的任何位置，我选择直接将它放在调用 firstFunction() 之后。

运行程序，你将看到以下结果：

```
This is our first function!
Help on module ourFirstModule:

NAME
    ourFirstModule - # Define your function

FUNCTIONS
    firstFunction()
        This is the documentation - or docstring - for firstFunction()
        We can put examples of use here or just document what the function
        is for
        That way future programmers - or ourselves later on - can read the
```

```
        "helpfile" for our firstFunction and know what it was intended for

    secondFunction()

DATA
    a = 5

Look, a second function!
The value of a is: 5
```

7.2 常见的内置函数

Python 有很多很棒的内置函数，到目前为止，我们已经在本书中介绍了很多。Python 有近 70 个内置函数，其中大部分将在你作为开发者的生涯中使用。现在，我们将讨论一些到目前为止我们跳过的但是更为常见的内置函数。我们将按类别处理它们，从字符串函数开始。

7.2.1 字符串函数

正如你可能猜到的，字符串函数就是处理字符串的函数。我们已经介绍了一些，包括 `str.upper()` 和 `str.lower()`，它们分别用于将字符串转换为大写和小写。

此外，在实际创建一个大写或小写字符串时，你还可以执行检查，以查看字符串内容的实际大小写情况。例如，你可能想知道用户输入的所有字母是否全部都是大写。进行检查时，你可以使用以下代码：

```
# 创建一个全部为大写字母的字符串
testString = "I AM YELLING!"
print("Is the user yelling?")
# 检查 testString 的值中包含的字母是否全为大写

print(testString.isupper())
```

在本例中，我们使用名为 str.isupper() 的字符串函数来检查字符串是否全为大写字母。如果运行这段代码，你会得到一个布尔值（True 或 False）：

```
Is the user yelling?
True
```

注意，如果字符串中的任一字符是小写，那么它将返回一个 `False` 值，因为函数正在检查整个字符串是否全为大写字母。

如果我们想要检查字符串是否全为小写字母，可以使用字符串函数 str.islower()，就像这样：

```
# 创建一个全部为大写字母的字符串
testString = "I AM YELLING!"
print("Is the user yelling?")
# 检查 testString 的值中包含的字母是否全为小写
print(testString.islower())
```

当然，在本例中，它将返回一个 False。

有时，我们可能需要检查用户输入的字符类型。例如，如果用户正在填写表单，而我们想要知道他们的姓名，并且不希望他们输入一个数字值——除非他们是机器人或者外星人，这点要注意。

要检查一个字符串是否只包含字母（没有数字），可以使用 str.isalpha()：

```
# 创建一个字符串来检查变量是否只包含字母
firstName = "James8"

# 检查 firstName 的值是否包含数字
print("Does your name contain any letters?")
if firstName.isalpha() == False:
    print("What are you, a robot?")
```

由于字符串 firstName 的值不仅包含字母（其中有一个数字），if 条件成立，从而 print() 函数打印出其文本内容：

```
Does your name contain any numbers?
What are you, a robot?
```

如果 firstName 只包含字母字符（A ～ Z 和 a ～ z），则 if 条件不成立，不会打印任何内容。

我们还可以检查这些值是否只包含数字。例如，我们可能希望确保某人没有在社会保险或电话号码字段中输入字母。为了检查字符串中是否只有数字，我们使用函数 str.isnumeric()：

```
# 创建一个字符串来检查变量是否只包含数字
userIQ = "2000"
# 检查 userIQ 是否只包含数字而不包含字母

if userIQ.isnumeric() == False:
    print("Numbers only please!")
else:
    print("Congrats, you know the difference between a number and a letter!")
```

我们来看看检查userIQ中是否只包含数字的结果是True还是False。因为userIQ只包含数字，没有字母，所以结果为真，我们得到的结果是：

```
Congrats, you know the difference between a number and a letter!
```

我们还可以检查字符串是否只包含空格。为此，我们使用函数str.isspace()：

```
# 检查UserIQ的值是否包只包含空格

if userIQ.isspace() == True:
    print("Please enter a value other than a bunch of spaces you boob!")
```

因为userIQ不包含任何空格，所以什么也不会发生。如果userIQ只有空格，Python就会执行我们定义的print()函数。

我们可以使用的另一个有用的字符串函数是len()，它允许我们计算字符串中字符的个数。你可能会问自己，"我为什么要这么做?"答案很简单：你可能希望限制变量（如密码）中的字符数量，或者确保它有足够的字符。

或者，也许你和我一样有强迫症，觉得有必要数一数。我认为它是我众多超能力中的一种……

要计算字符串中的字符数，可以使用类似如下的代码：

```
# 创建一个变量，使用len()来计算它所包含的字符数
testPassword = "MyPasswordIsPassword!"
print(len(testPassword))
```

当运行这段代码时，你会得到结果：

```
21
```

7.2.2 数字函数

我们已经学习了一些新的字符串函数，接下来研究数字吧！之前研究了几个帮助我们处理数字的函数，以及一些可以让我们在不过多耗费大脑的情况下执行漂亮的数学方程的运算符。

为了让我们的大脑更善于处理数字，让我们看看更多的函数，这些函数将提高我们的编程技能，使我们看起来像众所周知的火箭科学家。

有时当我们与数字打交道时，会被要求告诉老板哪个数字最大。为了找出一串数字中的最大值，我们使用max()。

```
# 创建一个包含一组数字的列表
studentGrades = [100, 90, 80, 70, 60, 50, 0]
```

```
# 使用 max() 查找列表 studentGrades 中的最大数字

print("What is the highest grade in the studentGrades list?")
print:("Answer :")
print(max(studentGrades))
```

运行这段代码，我们将得到以下结果：

```
What is the highest grade in the studentGrades list?
100
```

因为100在我们的列表studentGrades（学生成绩）中是最高的。如果想找出一个数字列表中的最小值，我们可以使用min()：

```
# 创建一个包含一组数字的列表

studentGrades = [100, 90, 80, 70, 60, 50, 0]

# 使用 max() 查找列表 studentGrades 中的最大数字

print("What is the highest grade in the studentGrades list?")
print:("Answer :")
print(max(studentGrades))

# 使用 min() 查找列表 studentGrades 中的最小数字

print("What is the lowest grade in the studentGrades list?")
print:("Answer :")
print(min(studentGrades))
```

运行这段代码，得到的结果如下所示：

```
What is the highest grade in the studentGrades list?
100
What is the lowest grade in the studentGrades list?
0
```

我们还可以在不创建列表的情况下使用min()和max()。要将它们单独使用，可以这样输入：

```
print(min(100, 90, 80, 70, 60, 50, 0))

print(max(100, 90, 80, 70, 60, 50, 0))
```

注意：你还可以在字符串上使用min()和max()。例如，在从a到z的字母表上使用min()将返回“a”，而使用max()将返回“z”。

另一种常见的做法是将给定列表中的所有数字相加。也许你需要计算一下公司的工资总额或工作时间。为此，可以使用 sum() 函数。让我们用下面的代码来求和：

```
# 创建另一个包含更多数字的列表，表示工资单
totalPayroll = [500, 600, 200, 400, 1000]
# 使用 sum() 计算列表中数字的和
print("How much did we pay employees this week?")
print("The total payroll was: ")
print(sum(totalPayroll))
```

这个例子的输出是：

```
How much did we pay employees this week?
The total payroll was:
2700
```

7.3 练习你的新技能

我们已经为你的超级英雄万能腰带添加了很多新的功能。现在是时候练习你的所学来提高你的技能了。在下面的内容中，你会发现我们学过的一系列新的字符串函数，以及在本章中尝试过的一系列新的数字 / 数学函数。

你可以自行输入这些代码，并找出使用这些简单但功能强大的函数的新方法。

7.3.1 字符串函数示例

```
# 创建一个全部为大写字母的字符串
testString = "I am YELLING!"
# 创建一个字符串来检查变量是否只包含字母
firstName = "James8"
# 创建一个字符串来检查变量是否只包含数字
userIQ = "2000"
# 创建一个变量，使用 len() 来计算它所包含的字符数
testPassword = "MyPasswordIsPassword!"
# 下面测试一系列函数
print("Is the user yelling?")
# 检查 testString 的值中包含的字母是否全为大写
print(testString.isupper())
```

```
# 检查 firstName 的值是否包含数字

print("Does your name contain any numbers?")

if firstName.isalpha() == False:
    print("What are you, a robot?")

# 检查 userIQ 是否只包含数字而不包含字母

if userIQ.isnumeric() == False:
    print("Numbers only please!")
else:
    print("Congrats, you know the difference between a number and a letter!")
# 检查 UserIQ 的值是否只包含空格或空白字符

if userIQ.isspace() == True:
    print("Please enter a value other than a bunch of spaces you boob!")

# 计算密码中的字符数

print("Let's see how many characters are in testPassword!")

print("I count: ")

print(len(testPassword))
```

7.3.2 数字函数示例

```
# 创建一个包含一组数字的列表

studentGrades = [100, 90, 80, 70, 60, 50, 0]

# 创建另一个包含更多数字的列表，表示工资单

totalPayroll = [500, 600, 200, 400, 1000]

# 使用 max() 查找列表 studentGrades 中的最大数字

print("What is the highest grade in the studentGrades list?")
print:("Answer :")
print(max(studentGrades))

# 使用 min() 查找列表 studentGrades 中的最小数字

print("What is the lowest grade in the studentGrades list?")
print:("Answer :")
print(min(studentGrades))
# 使用 min() 和 max() 而不定义列表

print(min(100, 90, 80, 70, 60, 50, 0))

print(max(100, 90, 80, 70, 60, 50, 0))
```

```
# 使用 sum() 计算列表中数字的和
print("How much did we pay employees this week?")
print("The total payroll was: ")
print(sum(totalPayroll))
```

7.4　本章小结

这一章太精彩了！太神奇了！太令人吃惊了！在本章中，你学习了如何创建自己的模块和函数，编程能力有了很大的飞跃。你通过学习更多的内置函数，甚至获得了使用 Python 最强大组件之一——社区所创建的包的能力。

我们已经讨论了很多内容，所以，像往常一样，这里是我们在本章中添加到你的超能力工具包中的一些伟大内容的总结！

- 有三种类型的模块：内置对象、包和自定义模块。
- 内置对象是预先安装在 Python 中的，包是由第三方供应商 /Python 社区创建的，自定义模块是你自己创建的。
- help() 和 .__doc__ 能够打印模块的文档或帮助文件，例如，help(time) 和 print(time.__doc__)。
- help("modules") 列出了 Python 当前安装的所有可用模块。
- import 将模块导入程序，例如，import time。
- 你可以在命令行上使用 pip 安装一个包：python -m pip install < 模块名称 >。
- def 用于定义一个函数。例如：

```
def firstFunction():
        print("Hello!")
```

- str.upper() 和 str.lower() 分别将字符串转换为大写和小写。
- str.isalpha()、str.isnumeric() 和 str.isspace() 都是检查是否使用了正确的数据格式。
- len() 计算字符串中字符的个数。
- min() 和 max() 查找数字或字符串值列表中的最小值和最大值。
- sum() 计算列表中包含的值的总和。

Chapter 8 第8章

类和对象

到目前为止，我们已经介绍了一些非常标准的编程语言特性并进行了相应的练习。本章将延续这一方式。虽然，本章主题乍一看可能有点难以理解，不过别担心，你已经走了这么远，从一个跌跌撞撞的小伙子变成了一个足智多谋的英雄。

接下来，本章将重点介绍一个称为面向对象编程（object-oriented programming，也可简写为OOP）的概念。你将学习到类和对象、构造函数、父类、子类等内容，还有一个强大的工具——继承。然后，我们将使用这些新的、强大的概念和方法来制作第6章中创建的程序的一个升级版本。

8.1 什么是OOP

说实话，Python其实是一种面向对象的编程语言。并不是每个人都这样使用它，也不是每个人都是OOP的粉丝，或者理解OOP的真正威力。有些人可能会说，用面向对象的方式编写会使代码变得不那么“Python”。也就是说，他们认为使用作为面向对象编程核心的类、方法和对象会降低Python的可读性和用户友好性。

这种说法可能有一定的道理，但总的来说，程序员在可读性方面的损失，可以在编写效率、正确率等地方得到弥补。坦率地说，还有良好的编程习惯。此外，如果你遵循良好的代码文档的实践（我们已经多次讨论过），你的代码将非常具有可读性，因为你会清楚地在程序的每个部分中陈述意图。

面向对象编程（OOP）就是创建可重用代码。还记得我们讨论过的函数和模块的优点吗？同样的规则也适用于 OOP 实践。它非常适合更复杂或更长的程序，因为它允许重用代码片段，并将所有内容保存在漂亮、紧凑、易于访问的包中。

到目前为止，我们主要依赖于所谓的面向过程的编程。过程式的代码本质上是按顺序出现的代码行，并且大多数情况下是按顺序使用的。在这一章，我们将改变这一切！

顺便说一下，OOP 编程的核心概念会涉及类和对象，它同样存在于许多其他编程语言中。

8.2 什么是类

别担心，我知道“class⊖”这个词让你害怕，这会让你想起关于“有趣的”数学课的记忆。但在 Python 中，class（类）要有趣得多。然而，其实在圆周率的一部分中也是可以找到很多乐趣的。

类可以描述为对象的 DNA，更好的是，你可以将其视为对象的蓝图，甚至是模板。以这种方式考虑一个类：如果你要制造一辆汽车，你不能随便找一堆金属零件和橡胶轮胎。即使你尽了最大的努力将他们组合，你的车也不会开得太远，甚至很难能够称得上是一辆车！

相反，你可以创建一个蓝图（一个类），它将包含你希望你的车拥有的某些细节或特性。此外，由于我们这些英雄开发者很在意效率，所以我们想要创建一个蓝图（类），使得我们可以在构造任何汽车时使用它。这样一来，当我们去制造另一种型号的汽车时，就不必重新制订计划了。

例如，如果我们为汽车创建一个类，我们可能想说每辆汽车有四个轮胎、一个挡风玻璃、几个车门、一个引擎等。这些是每辆车都有的普通属性。颜色、油漆、车门数量、轮胎的大小等可能不同，但这些基本特征在每辆车上都存在。

总而言之，类可以说是一个蓝图，它允许我们创建多个具有相同基本特性的对象。每次创建新对象时，不必编写代码或定义这些特性，只需调用类的实例，然后，所有的工作都已经完成了。

如果这个概念还没有完全在你的头脑中形成，不要担心——当我们开始在实际代码中使用它时，它将变得非常清晰。现在，只需要知道基本概念：类——蓝图。

⊖ class 为多义词，此处有班级 / 面向对象中的类两种含义。——译者注

8.3 什么是对象

如果类是蓝图，那么对象就是我们从中创建的具体个体！在编程术语中，我们将创建的这个对象称为类的一个实例。

对象可以用来表示程序中大量的内容。如前所述，你可以使用它们来创建一个交通工具，或者他们可以代表一个品种的狗或一种类型的员工。

当然，这是一本超级英雄编程之书，那么有什么比创建我们自己的超级英雄（对象）蓝图（类）更好的方法来介绍类和对象的概念——以及如何使用它们的呢？

8.4 创建第一个类

创建类是一件相对简单的事情。实际上，它与创建函数非常相似。当我们创建一个类时，就像创建函数一样——它称为定义一个类。我们使用 `class` 关键字这样创建类：

```
class Superhero():

...(write some code)
....(more code here)
```

这个例子展示了如何创建一个名为 Superhero[⊖] 的类。注意，类的命名约定是将开头单词的首字母大写。如果名字中有两个或两个以上的单词，每个单词的首字母都要大写。例如，如果你想创建一个类来表示一个“美国超级英雄”，可以这样：

```
class AmericanSuperHero():
        ...(write some code)
        ...(write some more code)
```

当然，这些类严格来说什么也不做。为了使它们有用并发挥它们的作用，我们需要向它们添加代码，告诉它们要做什么，或者帮助定义它们所创建的对象。

当我们向类中添加一个函数时，该函数称为方法。方法必须缩进到它们所属的类下面。

```
class Superhero():
        def fly(self):
                print("Look at me, I'm so fly!")
```

这段代码创建了一个名为 `Superhero` 的类，其中包含了一个名为 `fly` 的方法，这个方法能够打印出文本“Look at me, I’m so fly!”

⊖ Superhero 可以是一个单词，也可以看作是两个单词的组合，本章两种情况都有，如果 S 大写、h 小写，就是一个单词，而如果 S 大写、H 也大写，就看作两个单词的组合。——译者注

我们使用def加上方法的名字来定义一个方法。方法名后面的括号里是方法的参数。类中的方法必须至少包含self参数，它们还可以包含任意数量的其他参数（这一点马上会介绍！）。

self用于引用你创建的对象的实例。同样，这对我们创建类并将它们实际使用起来来说更有意义。

还要注意，方法定义下面的代码必须相对于它所属的方法进行缩进。

我们可以在一个类中放置任意数量的方法，也可以向它们添加各种代码，包括变量等。

例如，如果我们想要为Superhero类添加两个方法，一个让他飞翔，另一个让他吃很多热狗，我们可以这样定义类：

```
class Superhero():
    def fly(self):
        print("Look at me, I'm so fly!")

    def hotDog(self):
        print("I sure do like hot dogs!")
```

如果我们运行这个代码，什么也不会发生，因为我们所做的就是定义Superhero类。要实际使用这个类，我们必须创建这个类的实例或者说类的对象。

8.5 创建第一个对象

现在我们已经通过Superhero类创建了超级英雄的基本蓝图，接着可以创建我们的第一个英雄，或者更恰当地说，我们的第一个英雄对象。

为了创建一个对象（或类的一个实例），我们需要将类初始化，或者说创建类的一个副本，类似于创建一个变量并给它一个值：

```
HotDogMan = Superhero()
```

创建对象就是这么简单。现在，对象HotDogMan拥有Superhero类的所有特征。Superhero类的实例/对象存储在变量HotDogMan中，包括创建类时定义的所有属性和方法。

要查看实际效果，可以调用Superhero类中定义的两个方法，它们现在是HotDogMan对象的一部分。调用意味着执行或运行这部分代码：

```
HotDogMan.fly()
HotDogMan.hotDog()
```

这段代码的第一行告诉 Python 访问 HotDogMan 对象并查找一个名为 fly 的方法，找到后执行它。第二行执行相同的操作，只是它查找 hotDog 方法并运行对应部分代码。

为了更好地理解到目前为止介绍的所有内容，让我们创建一个名为 SampleClassandObject.py 的新文件，并将以下代码添加到其中（注意：这段代码是我们在本章中已经讨论过的代码，放到一个文件中）：

```
class Superhero():
        def fly(self):
                print("Look at me, I'm so fly!")

        def hotDog(self):
                print("I sure do like hot dogs!")

HotDogMan = Superhero()
HotDogMan.fly()
HotDogMan.hotDog()
```

当运行这段代码，我们得到以下结果：

```
Look at me, I'm so fly!
I sure do like hot dogs!
```

效果很好，但实际上，这些示例并没有显示类和对象（以及面向对象的能力）所能提供的真正强大功能。现在我们已经理解了类和对象的基本概念，该尝试发挥他们更大的潜力了。

8.6 改进超级英雄生成器 3000

回想一下，在第 6 章中我们创建了一个程序，随机生成一个超级英雄。具体来说，我们随机生成一个超级英雄的姓名、一种超能力和一些属性数据。为此，我们让用户运行程序并在显示结果之前回答几个简单的问题。

我们按顺序创建了这个程序，也就是说，我们编写的代码是由 Python 解释器（以及任何查看它的开发者）逐行读取的。虽然程序运行良好（完美无缺！），但如果想要创造出第二个，或者第一千个超级英雄，该如何做呢？要做到这一点，在程序的当前状态下，用户必须一次又一次地运行程序。

效率有点低。

如果用户想要创建多个英雄，可以使用一个循环来继续超级英雄的创建过程，或者可以继续添加更多的代码来生成更多的超级英雄。但是，同样，我们希望创建尽可能少的代码行，以使程序运行得更好，并减少出错的可能性。

这样想吧：以前的超级英雄生成器 3000 程序是一个手工构建每个超级英雄的系统。如果改用类和对象，我们将拥有一个高科技工厂，可以批量产出成千上万的超级英雄，而不必担心人为错误。另外，这将节省大量时间，因为我们不必编写太多代码。

考虑到所有这些，让我们尝试重新创建超级英雄生成器 3000 程序，这次使用的是类和对象。

如果你还记得，在我们的原始版本中，每个英雄都有一组属性数据来定义他们的身体和心理特征。这些包括：

- Brains：英雄的智力值
- Braun：英雄的体力值
- Stamina：英雄的能量值
- Wisdom：英雄的智慧水平和他们的生活经验水平
- Constitution：英雄的自愈和抵抗疾病的能力
- Dexterity：英雄的敏捷值和灵活性
- Speed：英雄的速度值

我们可以将这些属性预设在 Superhero 类中，这样，当我们从这个类创建一个对象时，创建的所有英雄都将拥有相同的属性数据集。之所以这样做，是因为我们知道每个英雄都至少会拥有这些属性，这些都是标准英雄的共同特征，因此，这是我们的英雄蓝图或模板的一部分。

让我们创建一个名为 SuperHeroClass.py 的新文件，并添加以下代码：

```
# 导入 random 模块，这样我们就可以随机生成一些数字了
import random

# 创建一个 Superhero 类作为我们创建英雄的模板
class Superhero():
    # 将类初始化，并设置类的属性
    def __init__(self):
        self.superName = " "
        self.power = " "
        self.braun = braun
        self.brains = brains
        self.stamina = stamina
        self.wisdom = wisdom
        self.constitution = constitution
        self.dexterity = dexterity
        self.speed = speed

# 使用 random 模块给每个属性设置随机的数值
braun = random.randint(1,20)
```

```
brains = random.randint(1,20)
stamina = random.randint(1,20)
wisdom = random.randint(1,20)
constitution = random.randint(1,20)
dexterity = random.randint(1,20)
speed = random.randint(1,20)
```

在这段代码中，我们看到了一个新方法 `__init__`，它称为构造方法。我们使用它来初始化属于类的任何新数据。它也称为 `__init__` 方法，当我们需要预先为类中的属性变量赋值时，它总是我们在类中创建的第一个方法。

我们可以在 `__init__` 方法的括号中放置参数，然后将每个自引用设置为与各自的参数相等。例如：

```
self.brains = brains
```

设置 `self.brains` 等于 `brains`。这样，稍后在程序创建对象时，我们就可以使用对象引用这些参数（在本例中，这些参数指的是超级英雄的属性数据）并在程序中使用它们。

接下来的情况是，我们想要创建英雄的模板，并且希望每个英雄的属性值都是随机的，所以我们针对每个参数都使用 random() 模块来随机生成英雄的属性值，如：

```
braun = random.randint(1,20)
```

向 `braun` 添加一个随机值，范围从 1 到 20。

再啰唆一下，对于初学者来说，类、对象和方法可能是很难掌握的问题，所以要有耐心，并且一定要依照代码来理解，即使不是马上就能百分之百地掌握。有时候，你需要看到代码的实际运行情况，才能完全理解它的意图。

现在我们已经建立了最初的 Superhero 类，它决定了我们所能创建的超级英雄模板的样子，让我们继续并尝试创建类的一个实例（也称为创建对象）。然后打印出英雄的属性数据。将以下代码添加到你的 SuperheroClass.py 文件中：

```
# 导入random模块，这样我们就可以随机生成一些数字了
import random
# 创建一个 Superhero 类作为我们创建英雄的模板
class Superhero():
    # 将类初始化，并设置类的属性
    def __init__(self):
        self.superName = superName
        self.power = power
        self.braun = braun
        self.brains = brains
        self.stamina = stamina
```

```
        self.wisdom = wisdom
        self.constitution = constitution
        self.dexterity = dexterity
        self.speed = speed
# 使用random模块给每个属性设置随机的数值
braun = random.randint(1,20)
brains = random.randint(1,20)
stamina = random.randint(1,20)
wisdom = random.randint(1,20)
constitution = random.randint(1,20)
dexterity = random.randint(1,20)
speed = random.randint(1,20)

print("Please enter your super hero name: ")

# 创建英雄对象
hero = Superhero()
# 使用用户的输入作为超级英雄的名字
hero.superName = input('>')
# 将英雄的各项属性值打印出来

print("Your name is %s." % (hero.superName))
print("Your new stats are:")
print("")
print("Brains: ", hero.brains)
print("Braun: ", hero.braun)
print("Stamina: ", hero.stamina)
print("Wisdom: ", hero.wisdom)
print("Constitution: ", hero.constitution)
print("Dexterity: ", hero.dexterity)
print("Speed ", hero.speed)
print("")
```

在这个版本的程序中，我们要求用户为超级英雄输入自己的名字，而不是像我们在原始版本的超级英雄生成器3000程序中那样随机生成一个。别担心，我们很快就会把这个值随机化。现在简单起见，使用input()函数让用户自己输入名字，input()函数的值赋值给hero对象的superName属性，这一切都是下面这行代码实现的：

```
hero.superName = input('>')
```

你可能已经注意到，在这里使用的input()与以前略有不同。圆括号中的'>'只是在用户的屏幕上显示一个>提示，以便用户知道在哪里输入。

接下来，使用如下代码打印出hero对象的属性的随机生成值：

```
print("Brains:", hero.brains)
```

然后，这一行的 hero.brains 部分告诉 Python 打印存储在 hero 对象 brains 属性中的值——这一点和变量的用法类似。

如果你运行这个程序，会得到这样的结果——记住你的值可能是不同的，因为它们是随机产生的：

```
Please enter your super hero name:
>SuperPowerAwesomeManofAction
Your name is SuperPowerAwesomeManofAction.
Your new stats are:

Brains:  10
Braun:  10
Stamina:  5
Wisdom:  17
Constitution:  1
Dexterity:  19
Speed  15
```

简直完美！现在，让我们添加代码来随机生成英雄的名字和超能力。对于这部分，我们将添加以下几行：

```
# 创建一个超能力列表

superPowers = ['Flying', 'Super Strength', 'Telepathy', 'Super Speed', 'Can
Eat a Lot of Hot Dogs', 'Good At Skipping Rope']

# 从列表中随机选择一种超能力，并赋给 power 变量

power = random.choice(superPowers)

# 创建名和姓的列表

superFirstName = ['Wonder','Whatta','Rabid','Incredible', 'Astonishing',
'Decent', 'Stupendous', 'Above-average', 'That Guy', 'Improbably']

superLastName = ['Boy', 'Man', 'Dingo', 'Beefcake', 'Girl', 'Woman', 'Guy',
'Hero', 'Max', 'Dream', 'Macho Man','Stallion']

# 随机生成英雄名
# 我们从两个列表中随机选择一个姓和名，然后将它们拼接，以此来随机生成我们的英雄名

superName = random.choice(superFirstName)+ " " +random.choice(superLastName)
```

下面我们来定义超级英雄的属性。由于现在是随机生成超级英雄的名字，不再需要询问用户的输入，所以删除这些代码：

```
print("Please enter your super hero name:")
```

以及这些代码：

```
# 使用用户的输入作为超级英雄的名字
hero.superName = input('>')
```

我们不再需要这些代码，因为现在是根据 superFirstName 和 superLastName 列表随机生成 superName，就像在程序的原始版本中所做的那样。

所以现在，你的代码应该匹配以下内容。如果不匹配，请再次检查这一节，并更改你的代码以匹配我的代码：

```
# 导入random模块，这样一来我们就可以随机生成一些数字了
import random
# 创建一个超级英雄类，作为我们创建英雄的模板

class Superhero():
    # 初始化类并设置其属性
    def __init__(self):
        self.superName = superName
        self.power = power
        self.braun = braun
        self.brains = brains
        self.stamina = stamina
        self.wisdom = wisdom
        self.constitution = constitution
        self.dexterity = dexterity
        self.speed = speed

# 使用random()函数向每个属性添加随机值
braun = random.randint(1,20)
brains = random.randint(1,20)
stamina = random.randint(1,20)
wisdom = random.randint(1,20)
constitution = random.randint(1,20)
dexterity = random.randint(1,20)
speed = random.randint(1,20)

# 创建一个超能力列表

superPowers = ['Flying', 'Super Strength', 'Telepathy', 'Super Speed', 'Can
Eat a Lot of Hot Dogs', 'Good At Skipping Rope']

# 从列表中随机选择一种超能力，并赋给power变量

power = random.choice(superPowers)
# 创建名和姓的列表

superFirstName = ['Wonder','Whatta','Rabid','Incredible', 'Astonishing',
'Decent', 'Stupendous', 'Above-average', 'That Guy', 'Improbably']

superLastName = ['Boy', 'Man', 'Dingo', 'Beefcake', 'Girl', 'Woman', 'Guy',
```

```
'Hero', 'Max', 'Dream', 'Macho Man','Stallion']
# 随机生成英雄名
# 我们从两个列表中随机选择一个姓和名，然后将他们拼接，以此来随机生成我们的英雄名

superName = random.choice(superFirstName)+ " " +random.
choice(superLastName)

print("Please enter your super hero name: ")

# 创建一个英雄对象
hero = Superhero()

# 使用用户的输入作为超级英雄的名字
# hero.superName = input('>')
# 打印出我们创建的对象，包括其中的各个属性

print("Your name is %s." % (hero.superName))
print("Your super power is: ", power)
print("Your new stats are:")
print("")
print("Brains: ", hero.brains)
print("Braun: ", hero.braun)
print("Stamina: ", hero.stamina)
print("Wisdom: ", hero.wisdom)
print("Constitution: ", hero.constitution)
print("Dexterity: ", hero.dexterity)
print("Speed ", hero.speed)
print("")
```

如果你现在运行这个程序，你将得到以下结果（再次说明，每次运行得到的值将是不同的，因为它们是随机生成的）：

```
Please enter your super hero name:
Your name is Incredible Dream.
Your super power is:  Good At Skipping Rope
Your new stats are:

Brains:  1
Braun:  1
Stamina:  5
Wisdom:  11
Constitution:  6
Dexterity:  9
Speed  13
```

此时此刻，程序的功能几乎与超级英雄生成器 3000 的原始版本一样了，只是代码行数更少，出错的可能更小。某些提示也有些不同——例如，我们还没有询问用户是否想

要创建一个英雄，我们也没有在生成值时插入视觉上的暂停效果。然而，基本框架已经准备好了，下一节将添加这些旧功能，同时添加一些新的、非常酷的特性，它们展示了类和对象的真正威力！

8.6.1 继承、子类和其他

类的一个优点是，你可以使用它们来创建其他类，并通过一种称为继承的方式将它们的属性传递给新创建的类，而不必使用一堆冗长的代码。在 Python 中，我们能说一个类继承了什么，这类似于你继承了父母的基因。

当我们基于一个类创建另一个类时，我们称这个新创建的类为子类。默认情况下，这些子类继承了创建它们的类的方法和属性——顺便说一下，这些创建他们的类称为父类或超类。

像所有与代码相关的事情一样，通过实际的程序来演示继承的工作方式再好不过了。

到目前为止，超级英雄生成器 3000 只允许我们创建普通的超级英雄。为了使我们的程序更贴近真实，我们将为超级英雄引入一个新属性：超级英雄的类型。对于我们创建的每一种类型，我们都会给它们某种额外的好处。现在，让我们集中精力创建两个子类来表示新的英雄“类型”。一个是机械超级英雄，另一个是变种超级英雄。

代码如下：

```
# 创建一个名为 Mutate（变种）的子类
# 变种英雄会获得 +10 的额外速度值奖励

class Mutate(Superhero):
    def __init__(self):
      Superhero.__init__(self)
      print("You created a Mutate!")
      self.speed = self.speed + 10

# 创建一个名为 Robot（机械）的子类
# 机械英雄会获得 +10 的额外强壮值奖励

class Robot(Superhero):
    def __init__(self):
      Superhero.__init__(self)
      print("You created a robot!")
      self.braun = self.braun + 10
```

在这里，我们创建了两个新类，它们实际上都是 Superhero 类的子类。实现继承的方式是将父类的名称放在新创建的类的括号中。例如：class Mutate(Superhero) 告诉 Python 解释器创建一个类，这个类是 Superhero 的子类，并继承它的方法和属性。

然后我们使用 def __init__(self) 来初始化新子类，并使用 Superhero.

__init__(self) 来重新初始化 Superhero 类，因为从技术上讲，我们将创建基于类和子类的新对象。

最后，我们希望根据英雄的类型给予他们不同的奖励。拥有变种特征的将获得速度加成，如下行代码所示：

```
self.speed = self.speed + 10
```

而拥有机械特征的将获得体力值加成，如下行代码所示：

```
self.braun = self.braun + 10
```

其他所有的英雄属性将保持不变，因为最初它们是在 Superhero 类中生成的。如果我们想再次修改它们的值，就必须在新创建的子类中明确地修改它们。

现在我们已经创建了两个新的类，需要根据它们实际创建一个实例 / 对象来查看它们的运行情况。基于子类创建对象的代码和基于任何类创建对象的代码都一样，如果我们想要创建一个新的变种英雄和一个新的机械英雄，将使用这些代码：

```
hero2 = Robot()
hero3 = Mutate()
```

让我们创建一些代码来打印出普通超级英雄、机械英雄和变种超级英雄的属性信息：

```
# 创建一个普通超级英雄对象
hero = Superhero()

# 打印各项属性值
print("Your name is %s." % (hero.superName))
print("Your super power is: ", hero.power)
print("Your new stats are:")
print("")
print("Brains: ", hero.brains)
print("Braun: ", hero.braun)
print("Stamina: ", hero.stamina)
print("Wisdom: ", hero.wisdom)
print("Constitution: ", hero.constitution)
print("Dexterity: ", hero.dexterity)
print("Speed ", hero.speed)
print("")

# 创建一个变种超级英雄对象

hero2 = Mutate()
print("Your name is %s." % (hero2.superName))
print("Your super power is: ", hero2.power)
print("Your new stats are:")
print("")
```

```
print("Brains: ", hero2.brains)
print("Braun: ", hero2.braun)
print("Stamina: ", hero2.stamina)
print("Wisdom: ", hero2.wisdom)
print("Constitution: ", hero2.constitution)
print("Dexterity: ", hero2.dexterity)
print("Speed ", hero2.speed)
print("")

# 创建一个机械超级英雄对象

hero3 = Robot()
print("Your name is %s." % (hero3.superName))
print("Your super power is: ", hero3.power)
print("Your new stats are:")
print("")
print("Brains: ", hero3.brains)
print("Braun: ", hero3.braun)
print("Stamina: ", hero3.stamina)
print("Wisdom: ", hero3.wisdom)
print("Constitution: ", hero3.constitution)
print("Dexterity: ", hero3.dexterity)
print("Speed ", hero3.speed)
print("")
```

如果你把所有这些新代码都添加到你的文件中（我们一会儿就会这样做）并运行它，你的结果将类似于：

```
Your name is Above-average Boy.
Your super power is:  Flying
Your new stats are:

Brains:  16
Braun:  4
Stamina:  4
Wisdom:  18
Constitution:  16
Dexterity:  12
Speed  2

You created a Mutate!
Your name is Above-average Boy.
Your super power is:  Flying
Your new stats are:

Brains:  16
Braun:  4
```

```
Stamina:  4
Wisdom:  18
Constitution:  16
Dexterity:  12
Speed  12

You created a robot!
Your name is Above-average Boy.
Your super power is:  Flying
Your new stats are:

Brains:  16
Braun:  14
Stamina:  4
Wisdom:  18
Constitution:  16
Dexterity:  12
Speed  2
```

注意普通超级英雄和机械超级英雄的速度都是2。而变种超级英雄的速度是12。同样，普通超级英雄和变种超级英雄的体力值都是4，而机械超级英雄体力值是14——这正是我们想要的。

此时，如果你添加了新的代码，你的SuperheroClass.py文件应该是这样的——如果不是这样，请花点时间来调整它：

```
# 导入random模块，这样一来我们就可以随机生成一些数字了
import random

# 创建一个超级英雄类，作为我们创建英雄的模板
create
class Superhero():
    # 初始化类并设置其属性
    def __init__(self):
        self.superName = superName
        self.power = power
        self.braun = braun
        self.brains = brains
        self.stamina = stamina
        self.wisdom = wisdom
        self.constitution = constitution
        self.dexterity = dexterity
        self.speed = speed

# 使用random函数向每个属性添加随机值
braun = random.randint(1,20)
```

```
brains = random.randint(1,20)
stamina = random.randint(1,20)
wisdom = random.randint(1,20)
constitution = random.randint(1,20)
dexterity = random.randint(1,20)
speed = random.randint(1,20)

# 创建一个超能力列表

superPowers = ['Flying', 'Super Strength', 'Telepathy', 'Super Speed',
'Can Eat a Lot of Hot Dogs', 'Good At Skipping Rope']

# 从列表中随机选择一种超能力，并赋给 power 变量

power = random.choice(superPowers)

# 创建名和姓的列表

superFirstName = ['Wonder','Whatta','Rabid','Incredible', 'Astonishing',
'Decent', 'Stupendous', 'Above-average', 'That Guy', 'Improbably']

superLastName = ['Boy', 'Man', 'Dingo', 'Beefcake', 'Girl', 'Woman', 'Guy',
'Hero', 'Max', 'Dream', 'Macho Man','Stallion']

# 随机生成英雄名
# 从两个列表中随机选择一个姓和名，然后将它们拼接，以此来随机生成我们的英
  雄名

superName = random.choice(superFirstName)+ " " +random.
choice(superLastName)

# 创建名为 Mutate（变种）的子类
# 变种英雄会获得 +10 的额外速度值奖励

class Mutate(Superhero):
    def __init__(self):
      Superhero.__init__(self)
      print("You created a Mutate!")
      self.speed = self.speed + 10

# 创建一个名为 Robot（机械）的子类
# 机械英雄会获得 +10 的额外强壮值奖励

class Robot(Superhero):
    def __init__(self):
      Superhero.__init__(self)
      print("You created a robot!")
      self.braun = self.braun + 10

# 创建一个英雄对象

hero = Superhero()
```

```
# 打印出我们创建的对象，包括其中的各个属性
print("Your name is %s." % (hero.superName))
print("Your super power is: ", hero.power)
print("Your new stats are:")
print("")
print("Brains: ", hero.brains)
print("Braun: ", hero.braun)
print("Stamina: ", hero.stamina)
print("Wisdom: ", hero.wisdom)
print("Constitution: ", hero.constitution)
print("Dexterity: ", hero.dexterity)
print("Speed ", hero.speed)
print("")

# 创建一个变种英雄对象

hero2 = Mutate()
print("Your name is %s." % (hero2.superName))
print("Your super power is: ", hero2.power)
print("Your new stats are:")
print("")
print("Brains: ", hero2.brains)
print("Braun: ", hero2.braun)
print("Stamina: ", hero2.stamina)
print("Wisdom: ", hero2.wisdom)
print("Constitution: ", hero2.constitution)
print("Dexterity: ", hero2.dexterity)
print("Speed ", hero2.speed)
print("")

# 创建一个机械英雄对象

hero3 = Robot()
print("Your name is %s." % (hero3.superName))
print("Your super power is: ", hero3.power)
print("Your new stats are:")
print("")
print("Brains: ", hero3.brains)
print("Braun: ", hero3.braun)
print("Stamina: ", hero3.stamina)
print("Wisdom: ", hero3.wisdom)
print("Constitution: ", hero3.constitution)
print("Dexterity: ", hero3.dexterity)
print("Speed ", hero3.speed)
print("")
```

8.6.2 添加附加功能

我们现在需要做的最后一件事是为程序添加一些附加功能。请记住，本章的目标是学习如何使用面向对象编程重新构建我们的超级英雄生成器 3000 程序；我们的原始版本有一些视觉上的暂停效果，并询问了用户一些问题。在这里，我们将把所有这些功能都添加回我们的程序，并给用户选择英雄类型的机会。

我们将使用到目前为止在本书中学到的所有知识，包括 `if-elif-else` 语句、`random()` 模块、`input()` 和 `time()` 模块，当然，还有本章中的 OOP 原理。

作为练习，我将重点介绍我们现在要添加的代码的一些主要特性（而不是重新介绍代码的每个步骤），然后将整个程序输入，供你细读和编写自己的代码。

首先，我们希望为用户提供一个选择，就像我们在原始版本程序中所做的那样——主要是询问用户是否想要使用超级英雄生成器 3000。如果选择“Y”，程序继续；如果选择“N”，循环会继续询问他们是否想继续：

```
# 介绍性文本

print("Are you ready to create a super hero with the Super Hero Generator
3000?")

# 向用户提问并提示他们回答
# 使用 input() “监听”他们在键盘上输入的内容
# 然后使用 upper() 将用户答案全部转换为大写字母

print("Enter Y/N:")

answer = input()
answer = (answer.upper())

# While 循环会检查答案是否是“Y”
# 当答案的值不是“Y”时，此循环将继续
# 只有当用户输入“Y”时，循环才会退出，程序才会继续

while answer != "Y":
    print("I'm sorry, but you have to choose Y to continue!")
    print("Choose Y/N:")
    answer = input()
    answer = (answer.upper())

print("Great, let's get started!")
```

同样，这是原始版本程序的代码，我们只是将其添加到新版本中，相信你已经熟悉它的用法了。

接下来，我们想添加一些全新的代码。这段新代码的目的是让用户选择他们想要创建的英雄的类型。我们给他们三个选择：普通的、变种的或者机械的。

```
# 让用户选择想要哪种超级英雄
print("Choose from the following hero options: ")
print("Press 1 for a Regular Superhero")
print("Press 2 for a Mutate Superhero")
print("Press 3 for a Robot Superhero")
answer2 = input()
```

接下来是 if-elif-else 块，它将检查用户的答案——我们将其存储在变量 answer2 中——并相应地进行响应。例如，如果用户选择选项 1，就会创建一个普通超级英雄；而如果选择了选项 2，则会创建一个变种超级英雄等。

下面是这部分代码：

```
if answer2=='1':

    # 创建一个英雄对象
    hero = Superhero()
    # 打印出我们创建的对象，包括其中的各个参数
    print("You created a regular super hero!")
    print("Generating stats, name, and super powers.")

    # 制造视觉效果

    for i in range(1):
        print("..........")
        time.sleep(3)

        print("(nah...you wouldn't like THAT one...)")

    for i in range(2):
        print("..........")
        time.sleep(3)

    print("(almost there....)")
    print(" ")
    print("Your name is %s." % (hero.superName))
    print("Your super power is: ", hero.power)
    print("Your new stats are:")
    print("")
    print("Brains: ", hero.brains)
    print("Braun: ", hero.braun)
    print("Stamina: ", hero.stamina)
    print("Wisdom: ", hero.wisdom)
    print("Constitution: ", hero.constitution)
    print("Dexterity: ", hero.dexterity)
    print("Speed ", hero.speed)
    print("")

elif answer2=='2':
        # 创建一个变种英雄对象
```

```
        hero2 = Mutate()
        print("Generating stats, name, and super powers.")

    # 制造视觉效果

        for i in range(1):
            print("...........")
            time.sleep(3)

            print("(nah...you wouldn't like THAT one...)")

        for i in range(2):
            print("...........")
            time.sleep(3)

        print("Your name is %s." % (hero2.superName))
        print("Your super power is: ", hero2.power)
        print("Your new stats are:")
        print("")
        print("Brains: ", hero2.brains)
        print("Braun: ", hero2.braun)
        print("Stamina: ", hero2.stamina)
        print("Wisdom: ", hero2.wisdom)
        print("Constitution: ", hero2.constitution)
        print("Dexterity: ", hero2.dexterity)
        print("Speed ", hero2.speed)
        print("")

elif answer2=='3':
        # 创建一个机械英雄

        hero3 = Robot()

        print("Generating stats, name, and super powers.")

        # 制造视觉效果

        for i in range(1):
            print("...........")
            time.sleep(3)

        print("(nah...you wouldn't like THAT one...)")

        for i in range(2):
            print("...........")
            time.sleep(3)

        print("Your name is %s." % (hero3.superName))
        print("Your super power is: ", hero3.power)
        print("Your new stats are:")
        print("")
        print("Brains: ", hero3.brains)
```

```
        print("Braun: ", hero3.braun)
        print("Stamina: ", hero3.stamina)
        print("Wisdom: ", hero3.wisdom)
        print("Constitution: ", hero3.constitution)
        print("Dexterity: ", hero3.dexterity)
        print("Speed ", hero3.speed)
        print("")
else:
        print("You did not choose the proper answer! Program will now self-
        destruct!")
```

最后，我们还需要 `import time`，否则视觉上的暂停效果部分将不起作用！我们在代码的最上面，`import random` 语句的下面导入这个模块。

8.7 改进后的新版超级英雄生成器 3000

现在我们已经完成了所有代码片段的编写，让我们确保它们都是按顺序排列的。将你的代码与以下代码进行比较，并确保所有内容都一致。然后，多次运行程序尝试下所有的选项，看看程序是如何工作的：

```
# 调用 random 模块，这样一来我们就可以随机生成一些数字了
# 调用 time 模块制造一些视觉上的暂停效果
import random
import time

# 创建一个超级英雄类，作为我们创建英雄的模板
create
class Superhero():
    # 初始化类并设置其属性
    def __init__(self):
        self.superName = superName
        self.power = power
        self.braun = braun
        self.brains = brains
        self.stamina = stamina
        self.wisdom = wisdom
        self.constitution = constitution
        self.dexterity = dexterity
        self.speed = speed

# 使用 random 函数向每个属性添加随机值
braun = random.randint(1,20)
brains = random.randint(1,20)
stamina = random.randint(1,20)
```

```
wisdom = random.randint(1,20)
constitution = random.randint(1,20)
dexterity = random.randint(1,20)
speed = random.randint(1,20)

# 创建一个超能力列表

superPowers = ['Flying', 'Super Strength', 'Telepathy', 'Super Speed', 'Can
Eat a Lot of Hot Dogs', 'Good At Skipping Rope']

# 从列表中随机选择一种超能力，并赋给 power 变量

power = random.choice(superPowers)

# 创建名和姓的列表

superFirstName = ['Wonder','Whatta','Rabid','Incredible', 'Astonishing',
'Decent', 'Stupendous', 'Above-average', 'That Guy', 'Improbably']

superLastName = ['Boy', 'Man', 'Dingo', 'Beefcake', 'Girl', 'Woman', 'Guy',
'Hero', 'Max', 'Dream', 'Macho Man','Stallion']

# 随机生成英雄名
#  我们从两个列表中随机选择一个姓和名，然后将它们拼接，以此来随机
生成我们的英雄名

superName = random.choice(superFirstName)+ " " +random.choice(superLastName)

# 创建一个名为 Mutate（变种）的子类
# 变种英雄会获得 +10 的额外速度值奖励

class Mutate(Superhero):
    def __init__(self):
      Superhero.__init__(self)
      print("You created a Mutate!")
      self.speed = self.speed + 10

# 创建一个名为 Robot（机械）的子类
# 机械英雄会获得 +10 的额外强壮值奖励

class Robot(Superhero):
    def __init__(self):
      Superhero.__init__(self)
      print("You created a robot!")
      self.braun = self.braun + 10

# 介绍性文本

print("Are you ready to create a super hero with the Super Hero Generator
3000?")
```

```
# 向用户提问并提示他们回答
# 使用 input() “监听” 他们在键盘上输入的内容
# 然后使用 upper() 将用户答案全部转换为大写字母

print("Enter Y/N:")

answer = input()
answer = (answer.upper())

# While 循环会检查答案是否是 “Y”
# 当答案的值不是 “Y” 时，此循环将继续
# 只有当用户输入 “Y” 时，循环才会退出，程序才会继续

while answer != "Y":
    print("I'm sorry, but you have to choose Y to continue!")
    print("Choose Y/N:")
    answer = input()
    answer = (answer.upper())
print("Great, let's get started!")
# 让用户选择想要哪种超级英雄
print("Choose from the following hero options: ")
print("Press 1 for a Regular Superhero")
print("Press 2 for a Mutate Superhero")
print("Press 3 for a Robot Superhero")
answer2 = input()

if answer2=='1':

    # 创建一个英雄对象
    hero = Superhero()
    # 打印出我们创建的对象，包括其中的各个参数
    print("You created a regular super hero!")
    print("Generating stats, name, and super powers.")

    # 制造视觉效果

    for i in range(1):
        print("..........")
        time.sleep(3)

        print("(nah...you wouldn't like THAT one...)")

    for i in range(2):
        print("..........")
        time.sleep(3)

    print("(almost there....)")
    print(" ")
    print("Your name is %s." % (hero.superName))
```

```
    print("Your super power is: ", hero.power)
    print("Your new stats are:")
    print("")
    print("Brains: ", hero.brains)
    print("Braun: ", hero.braun)
    print("Stamina: ", hero.stamina)
    print("Wisdom: ", hero.wisdom)
    print("Constitution: ", hero.constitution)
    print("Dexterity: ", hero.dexterity)
    print("Speed ", hero.speed)
    print("")

elif answer2=='2':
        # 创建一个变种英雄对象
        hero2 = Mutate()
        print("Generating stats, name, and super powers.")

    # 制造视觉效果

        for i in range(1):
            print("...........")
            time.sleep(3)

            print("(nah...you wouldn't like THAT one...)")

        for i in range(2):
            print("...........")
            time.sleep(3)

        print("Your name is %s." % (hero2.superName))
        print("Your super power is: ", hero2.power)
        print("Your new stats are:")
        print("")
        print("Brains: ", hero2.brains)
        print("Braun: ", hero2.braun)
        print("Stamina: ", hero2.stamina)
        print("Wisdom: ", hero2.wisdom)
        print("Constitution: ", hero2.constitution)
        print("Dexterity: ", hero2.dexterity)
        print("Speed ", hero2.speed)
        print("")

elif answer2=='3':

        # 创建一个机械英雄
        hero3 = Robot()

        print("Generating stats, name, and super powers.")
        # 制造视觉效果
```

```
        for i in range(1):
            print("..........")
            time.sleep(3)

        print("(nah...you wouldn't like THAT one...)")

        for i in range(2):
            print("..........")
            time.sleep(3)

        print("Your name is %s." % (hero3.superName))
        print("Your super power is: ", hero3.power)
        print("Your new stats are:")
        print("")
        print("Brains: ", hero3.brains)
        print("Braun: ", hero3.braun)
        print("Stamina: ", hero3.stamina)
        print("Wisdom: ", hero3.wisdom)
        print("Constitution: ", hero3.constitution)
        print("Dexterity: ", hero3.dexterity)
        print("Speed ", hero3.speed)
        print("")
else:
        print("You did not choose the proper answer! Program will now self-
        destruct!")
```

8.8 本章小结

在这一章中，我们取得了一些令人难以置信的飞跃，因为我们攻克了最难掌握的概念，而且是相对于整本书来说最难掌握的概念。没错——相比之下，剩下的就是一帆风顺了！

作为一个简短的提示 / 未来备忘单，这里是我们在这一章的内容总结：

- OOP 代表面向对象编程。
- 面向对象编程是一个概念，在这个概念里，我们可以创建能够复用的程序代码。
- 过程式编程中涉及的代码是（在大多数情况下）逐行或以线性方式执行。
- OOP 的核心是类、对象和方法。
- 类类似于蓝图或模板。
- 对象是类的实例。例如，如果一个类是一个住宅的蓝图，那么对象就是根据该蓝图创建的实际住宅。
- 在类中使用的函数称为方法。

- 要定义一个类，我们输入

```
class Superhero:
    ...some code...
```

- def 语句用于定义类中的方法。例如：

```
def Fly:
    ...code...
```

- __init__ 用于初始化方法。
- 在创建类的实例时，self 用于引用属性。
- 我们通过将对象赋值给变量来定义对象，像这样：hero =Superhero()
- 类在本质上是分层的；我们可以有一个主类（父类）和一个次类（子类）。
- 子类继承父类或超类的方法和属性。
- 要定义子类，可以使用以下代码：

```
class Mutate(Superhero)
```

Chapter 9 第 9 章

引入其他数据结构

这本书我们已经读了一半多了，你已经为良好的编程实践和实际语言技能打下了坚实的好基础，这些将伴随你进入工作岗位或自己创业开发自己的畅销软件。

当然，总是有更多的东西需要学习。即使在你读完这本关于编程知识的大师级著作之后，你的旅程也不会结束。成为一名开发者就像成为一名终身学习者——你必须不断磨炼你的技能，学习最新的和最伟大的技术。

除了语言更新之外（我们提到过计算机语言的更新非常频繁），某些时候，你可能还想尝试使用其他编程语言和框架。然而，这是不久的将来的另一个篇章。

相较之下，本章将进行知识回顾。我们之前讨论过数据结构，学习了如何使用变量和列表。虽然它们都是用来存储信息的强大工具，但它们并不是唯一可用的数据结构。

我们还需要讨论另外两种数据结构：元组和字典。这将是本章的主题。我们还将研究一些用于这两种存储单元的函数，并将它们合并到一些新程序中。

所以你知道接下来该做什么了——不，不是让你用透视眼去窥视本周数学考试的答案。

然后回到这里，准备学习如何像英雄一样编写代码，以及更多的知识。

9.1 更多数据结构

如前所述，我们已经了解了两个数据结构：列表和变量。数据结构是一个存储容器，用于保存数据或一条 / 多条信息。我们可以在这些数据结构中存储信息，可以删除数据，还可以向其中添加不同的数据。我们也可以把数据取出来用作程序的一部分（打个比方），然后再把它放回去（它实际上从来没有离开过容器）。

变量能够保存一条数据。数据可以是字母、数字、字符串、句子、段落等。此外，变量还可以保存列表等对象，这在技术上意味着它们可以保存多个“一条数据”。同时，一个列表可以包含多条信息。你可以把变量视为单个文件夹，把列表视为一个文件柜。

或许你还记得，要定义一个变量，我们使用的代码如下：

```
a = "Hello"
b = 7
c = "Hello, I am being held prisoner in a variable!"
```

要定义一个列表，我们使用这种方法：

```
employees = ['Big E.', 'Bloke Hogan', 'Alfredo the Butler']
priceList = ['5, 10, 20, 30, 40, 50']
```

如果我们想打印一个变量的值，我们会写一些类似这样的东西：

```
print(a)
print("You have this many apples: ", b)
```

你还可以使用格式符 %s 代替变量。例如，假设你想写这样一个句子：“你有 X 个苹果”，其中 X 是变量 b 的值。输入以下代码：

```
print("You have %s apples!" , b)
```

当你运行它时，你会得到以下输出：

```
You have 7 apples!
```

要打印一个列表，我们可以使用：

```
print(employees)
```

或者要从列表中打印单个项，我们使用它的索引（记住：列表中的第一项位于索引 0 处）：

```
print(employees[1])
```

此代码将打印出：

```
Bloke Hogan
```

我们已经复习了变量和列表，并对数据结构的工作原理有了一些新的认识，现在让我们继续学习 Python 提供的其他两种类型的数据结构。

9.2 什么是元组

元组，像列表和变量一样，是一种数据结构。然而，又与变量和列表不同，元组被认为是不可变的。这只是一种花哨的说法，意思是你不能以正常的方式改变它们的值或修改它们。

元组由有序的项序列组成。这些项（或值）在括号中定义，并用逗号分隔。要定义一个元组，可以使用以下代码：

```
villains = ('Eyebrow Raiser', 'Angry Heckler', 'Not So Happy Man', 'The
Heck Raiser')
```

就像使用列表一样，我们可以使用一个简单的 print() 函数打印出元组的内容：

```
print(villains)
```

输出结果是：

```
('Eyebrow Raiser', 'Angry Heckler', 'Not So Happy Man', 'The Heck Raiser')
```

仍然与列表类似，元组中的项也可以通过其索引号引用。元组中的项从索引 0 开始。例如，如果我们想要打印元组 villains[1]中的第一项，我们将使用：

```
print(villains[0])
```

这会给我们输出一个可怕的反派：

```
Eyebrow Raiser
```

如果我们想要用 villains 元组作为句子的一部分，有很多方法：

```
# 定义元组

villains = ('Eyebrow Raiser', 'Angry Heckler', 'Not So Happy Man', 'The
Heck Raiser')

# 打印元组中的所有项
print(villains)

# 打印元组中的单一项

print(villains[0])
print(villains[1])
print(villains[2])
print(villains[3])
```

[1] 反派——译者注

```
# 在句子中附加元组项的方法

print("The first villain is the sinister", villains[0])
print("The second villain is the terrifying " + villains[1])
```

结果是：

```
('Eyebrow Raiser', 'Angry Heckler', 'Not So Happy Man', 'The Heck Raiser')
Eyebrow Raiser
Angry Heckler
Not So Happy Man
The Heck Raiser
The first villain is the sinister Eyebrow Raiser
The second villain is the terrifying Angry Heckler
```

使用元组中的项的另一种方法是将它们切片。当你对元组进行切片时，你是在发出你想使用一组值的信号。它的格式是 `villains[0:3]`。如果我们运行这个代码：

```
print(villains[0:3])
```

将会输出：

```
('Eyebrow Raiser', 'Angry Heckler', 'Not So Happy Man')
```

我知道你在想什么——索引 3 对应的项是 `'The Heck Raiser'`，那么为什么没有打印出来呢？

答案很简单：切片时，冒号前的数字告诉 Python 从哪里开始，冒号后面的数字告诉 Python 在这个数字之前结束。

如果我们写 `print(villains[0:4])`，只有这样它才会打印出所有的四个项，因为 Python 会查找索引 4 的项（实际上没有这一项）然后打印该项之前的项。

注意，切片时起始索引数字并非必须为 0。例如，如果想跳过打印元组中的第一项，我们可以使用 `print(villains[1:4])`，它会在第二项开始打印：

```
('Angry Heckler', 'Not So Happy Man', 'The Heck Raiser')
```

我们可以使用的元组的另一个技巧是把它们相加。假设你有一个包含闪闪发光的紫色披风的元组，和另一个满是圆点披风的元组。也许你厌倦了有太多放满披风的衣橱，所以你想要合并它们。如果是这样，你可以把你的元组连接在一起形成一个全新的元组。参照一下这个例子：

```
# 创建我的紫色披风元组
purpleCapes = ('Purple Frilly Cape', 'Purple Short Cape', 'Purple Cape with
Holes In It')
```

```
# 创建我的圆点披风元组
polkaCapes = ('Black and White Polka Dot Cape', 'White and Beige Polka Dot
Cape', 'Blue Polka Dot Cape Missing the Blue Polka Dots')
# 将我的两个披风元组连接（或添加）到一个新元组中
allMyCapes = (purpleCapes + polkaCapes)

# 打印出新创建元组的值
print(allMyCapes)
```

这个代码将元组 purpleCapes 与元组 polkaCapes 中的项组合在一起，并将它们存储在一个新创建的名为 allMyCapes 的元组中。如果你运行这段代码，你会得到：

```
('Purple Frilly Cape', 'Purple Short Cape', 'Purple Cape with Holes In
It', 'Black and White Polka Dot Cape', 'White and Beige Polka Dot Cape',
'Blue Polka Dot Cape Missing the Blue Polka Dots')
```

注意，这不会改变或影响 purpleCapes 或 polkaCapes 的值；请记住，你不能更换或修改元组中的值。

除了在元组上使用连接运算符 + 外，您还可以使用乘法运算符 * 来重复存储在元组中的值：

```
print(allMyCapes[1] * 3)
```

这句代码将打印三次位于 allMyCapes 元组索引 1 处的项，结果如下：

```
Purple Short CapePurple Short CapePurple Short Cape
```

请注意，元组中列出的项后面没有空格，因此当我们将它们打印出来时，它们没有任何空格。

9.3 元组函数

与列表一样，元组也有一组函数可用于与存储在其中的数据进行交互。但是，这些函数并不是元组独有的，他们可以用在 Python 代码的其他地方。

两个熟悉的元组函数应该是 min() 和 max()，你可能记得在前一章中使用过它们。当在元组中使用这两个函数时，它们会扮演通常的角色，即返回元组中的最小值和最大值项。

例如：

```
# 创建包含一组数字的元组
lowest_value = (1, 5, 10, 15, 20, 50, 100, 1000)
```

```
# 使用最小值函数返回元组中的最小值
print(min(lowest_value))
```

这段代码将会返回：

```
1
```

因为从技术上讲，它是元组中最小的值。

如果想要最大的数字，我们可以使用 max() 函数：

```
# 创建包含一组数字的元组
highest_value = (1, 5, 10, 15, 20, 50, 100, 1000)
# 使用最大值函数返回元组中的最大值
print(max(highest_value))
```

正如你所猜测的，它将返回：1000。

另一个有用的元组函数是 len()，你可能还记得，它返回字符串的长度或列表中元素的数量。当与元组一起使用时，它将返回元组中的项数。

```
# 用一些项创建一个元组
super_hair = ('Super Stache', 'Macho Beard', 'Gargantuan Goat-tee',
'Villainous Toupee', 'Unfortunate Baldness')

# 打印出元组中的项数
print(len(super_hair))
```

这段代码将返回 5，因为在我们的元组 super_hair 中总共有 5 个项。

len() 函数的使用示例场景包括：需要知道公司员工的数量，或者你把多少反派关在已退休的超级坏蛋的邪恶地下室里。如果你有一个包含这些邪恶角色名称的元组，你可以简单地对其使用 len() 函数并快速获得人员计数。

当然，如果我们只是想快速了解有多少反派，得到超级坏蛋的邪恶地下室中的反派数量是有帮助的，但是如果我们想看到以某种顺序打印出来的反派名单——如果只有一个函数可以这样做的话……

哦，等等，这里有！

```
# 一份被锁在超级坏蛋的邪恶地下室中的反派名单
villains = ('Naughty Man ', 'Skid Mark ', 'Mister Millenial ', 'Jack Hammer
', 'The Spelling Bee ', 'Drank All The Milk Man ', 'Wonder Wedgie ',
'Escape Goat')

# 打印出排序过的元组 villains

print(sorted(villains))
```

要打印一个已排序的元组（或相应的列表），可以使用 sorted() 函数，如上面代码所示。你需要注意一些重要的事情。首先，它按照字母顺序返回排序后的结果。其次，也是最重要的一点，sorted() 函数只返回一个已排序的结果——它实际上并没有改变原元组中数据的顺序。请记住，元组是不可变的，不能更改——即使是像 sorted() 这样强大的函数也不能更改！

如果我们运行上述代码，结果将会是：

```
['Drank All The Milk Man ', 'Escape Goat', 'Jack Hammer ', 'Mister
Millenial ', 'Naughty Man ', 'Skid Mark ', 'The Spelling Bee ', 'Wonder
Wedgie ']
```

当然，我们也可以很容易地对数字进行排序。参照这段代码：

```
# 我们需要排序的一组数字
numbers_sort = (10, 20, 5, 2, 18)

# 对元组中的数字进行排序
print(sorted(numbers_sort))
```

如果我们运行它，会输出：

```
[2, 5, 10, 18, 20]
```

当我们看到一个全是数字的元组时，可以试试另一个有用的函数：sum()。与前面介绍的其他函数一样，你应该也比较熟悉 sum() 函数。提醒你一下，它用于对数据结构（注：如元组或列表）中的数字求和。

下面是我们用来计算元组中数字之和的代码：

```
# 我们需要求和的一组数字
numbers_sum = (10, 20, 5, 2, 18)

# 对元组中的数字进行求和
print(sum(numbers_sum))
```

运行它会得到元组 numbers_sum 中的数字之和：55。

最后，我们还可以使用 tuple() 函数将其他数据结构（如列表和变量）转换为元组：

```
# 我们要转换成元组的一个列表
villainList = ['Naughty Man ', 'Skid Mark ', 'Mister Millenial ', 'Jack
Hammer ', 'The Spelling Bee ', 'Drank All The Milk Man ', 'Wonder Wedgie ',
'Escape Goat']

# 使用 tuple() 将 villainList 转换成元组

tuple(villainList)
```

```
# 我们要转换成元组的一个字符串
villain1 = "Mustached Menace!"
tuple(villain1)
```
[⊖]

9.4 更多元组函数

当你认为我们与强大的元组之间的乐趣要结束了的时候，你会发现你中奖了！在我们开始下一种数据结构之前，还有一些元组的东西需要学习。

在介绍元组时，我们了解到元组与列表有一个非常重要的区别：元组是不可变的，其中包含的数据不能以任何方式更改，而列表可以改变、更新和添加。

如果你关心数据结构的数据完整性，元组会是一个强大的工具。如果你有一组绝对不能更改的项，那么将它们存储在一个元组中是非常合适的。

也就是说，在某些情况下，你可能希望从程序中删除或移除元组。例如，也许你有一个元组来存储英雄和反派可能拥有的所有不同类型的面部毛发。如果这些面部装饰突然过时，会发生什么？为了确保不再访问元组中的项，并尽可能保持代码的整洁和高效，我们有两种选择。

第一种选择是简单地使用井号 # 或三引号 “"""” 注释掉引用元组的所有代码。然而，有可能有人会对你的代码取消注释，这可能会导致错误。

另一种选择是删除或修改引用元组的代码，然后实际删除元组本身。

有一种方法可以删除整个元组；但是，我们不能删除元组中的项。下面是如何删除元组的代码：

```
# 为反派和英雄们准备的面部毛发样式的元组
facial_hair = ('Super Stache', 'Macho Beard', 'Gargantuan Goat-tee', 'Face
Mullet',)

# 打印出面部毛发
print(facial_hair)

# 使用 del 完全删除元组
del facial_hair

# 打印 facial_hair
print(facial_hair)
```

在这个代码片段中，首先创建元组 facial_hair，并为它分配一组项，其中有一个称为“face mullet”的可怕项。

⊖ 此处代码中无 print()，读者可以自行添加。——译者注接下来，打印 facial_hair 中的项，以证明创建元组确实有效。使用 del 语句来实现，如这行代码所示：del facial_hair。

最后，为了确保 facial_hair 确实删除了，我们再次打印它。当我们运行这段代码时，关于输出会发生两件事。首先，将 facial_hair 中的项打印出来。其次，我们收到一条错误消息。

为什么报错呢？因为我们第一次打印后就删除了 facial_hair；当我们第二次打印它时，解释器再也找不到它了。这意味着我们成功地摆脱了疯狂的 facial_hair！

下面是运行程序后的结果：

```
('Super Stache', 'Macho Beard', 'Gargantuan Goat-tee', 'Face Mullet')
Traceback (most recent call last):
  File "C:/Users/James/AppData/Local/Programs/Python/Python36-32/
  TupleExamples.py", line 101, in <module>
    print(facial_hair)
NameError: name 'facial_hair' is not defined
```

有时，当我们使用元组来存储数据时，可能需要知道某个特定项在数据结构中出现的次数。例如，单词“Mississippi”中有很多个“i”，也有很多个字母“s”。如果我们创建一个包含这个单词的元组，那么我们就可以计算该单词中“i”和“s”出现的次数，这样当人们要求我们告诉他们一些有趣的事情时，我们可以说，“你知道密西西比州[⊖]有一堆 s 和 i 吗？这是真实的故事，兄弟！”

要计算元组中某项出现的实例数，或者计算等于 s 的项的数量，使用 count() 方法。

```
# 包含用于拼写 Missisisippi 的所有字母的元组
state = ('M', "i", "s", "s", "i", "s", "i", "s", "i", "p", "p", "i")

# 注意：从技术上讲，还可以使用 tuple() 命令，state=tuple（'missisippi'）
  轻松创建元组，该命令会自动将字符串转换为元组。
# 计算“i”在元组中出现的次数并打印出结果

print("There are this many of the letter i in Missisisippi: ")
print(state.count('i'))

# 计算“s”在 Missisisippi 中出现的次数
print("There are this many of the letter s in Missisisippi: ")
print(state.count('s'))
```

代码 state.count('i') 中括号里的字符告诉 Python 计算“i”在元组 state 中出现的次数。

如果运行这个示例代码，将得到以下输出：

⊖ 密西西比州（Mississippi）是美国南部的一个州。——译者注

```
There are this many of the letter i in Missisisippi
5
There are this many of the letter s in Missisisippi
4
```

我们还可以使用关键字 in 在元组中搜索项。这个关键字主要询问值“x”是否在元组中：

```
# 包含用于拼写Missisisippi的所有字母的元组
state = ('M', "i", "s", "s", "i", "s", "i", "s", "i", "p", "p", "i")
# 检查“z”或“i”是否出现在元组state中
print('z' in state)
print('i' in state)
```

in 关键字在检查项是否包含在元组中时返回布尔值（True 或 False）响应。当运行此代码时，将会返回输出：

```
False
True
```

因为它首先检查元组 state 中是否有 "z"，然后发现没有 (False)。

然后它检查元组 state 中的 "i"，当然会找到一个或多个 (True)。

9.5　元组示例

到目前为止，在本章中已经介绍了很多使用元组的方法，为了方便起见，在下面你可以找到一个 Python 示例文件，其中包含本章迄今为止编写的与元组相关的所有代码。

请随意修改此代码，并查看更改已定义元组中的项如何影响代码段及其结果：

```
# 定义元组

villains = ('Eyebrow Raiser', 'Angry Heckler', 'Not So Happy Man', 'The
Heck Raiser')

# 打印元组中的项
print(villains)

# 打印元组中的单一项

print(villains[0])
print(villains[1])
print(villains[2])
print(villains[3])

# 在句子中附加元组项的方法
```

```
print("The first villain is the sinister", villains[0])
print("The second villain is the terrifying " + villains[1])

# 从索引 0 开始并在索引 3 处的项之前结束的切片
print(villains[0:3])

# 从索引 1 开始并在索引 4 处的项之前结束的切片
print(villains[1:4])

# 创建我的紫色披风元组
purpleCapes = ('Purple Frilly Cape', 'Purple Short Cape', 'Purple Cape with
Holes In It')

# 创建我的圆点披风元组
polkaCapes = ('Black and White Polka Dot Cape', 'White and Beige Polka Dot
Cape', 'Blue Polka Dot Cape Missing the Blue Polka Dots')

# 将我的两个披风元组连接（或添加）到一个新元组中
allMyCapes = (purpleCapes + polkaCapes)

# 打印出新创建元组的值
print(allMyCapes)

# 打印索引 1 处的项 3 次
print(allMyCapes[1] * 3)

# 创建包含一组数字的元组
lowest_value = (1, 5, 10, 15, 20, 50, 100, 1000)

# 使用最小值函数返回元组中的最小值
print(min(lowest_value))

# 创建包含一组数字的元组
highest_value = (1, 5, 10, 15, 20, 50, 100, 1000)

# 使用最大值函数返回元组中的最大值
print(max(highest_value))

# 用一些项创建一个元组

super_hair = ('Super Stache', 'Macho Beard', 'Gargantuan Goat-tee',
'Villainous Toupee', 'Unfortunate Baldness')

# 打印出元组中的项数
print(len(super_hair))

# 一份被锁在超级坏蛋的邪恶地下室中的反派名单
villains = ('Naughty Man ', 'Skid Mark ', 'Mister Millenial ', 'Jack Hammer
', 'The Spelling Bee ', 'Drank All The Milk Man ', 'Wonder Wedgie ',
'Escape Goat')

# 打印出排序过的元组 villains

print(sorted(villains))
```

```
# 我们需要排序的一组数字
numbers_sort = (10, 20, 5, 2, 18)

# 对元组中的数字进行排序
print(sorted(numbers_sort))

# 我们需要求和的一组数字
numbers_sum = (10, 20, 5, 2, 18)

# 对元组中的数字进行求和
print(sum(numbers_sum))

# 我们要转换成元组的一个列表
villainList = ['Naughty Man ', 'Skid Mark ', 'Mister Millenial ', 'Jack
Hammer ', 'The Spelling Bee ', 'Drank All The Milk Man ', 'Wonder Wedgie ',
'Escape Goat']

# 使用 tuple() 将 villainList 转换成元组

tuple(villainList)

# 我们要转换成元组的一个字符串
villain1 = "Mustached Menace!"
tuple(villain1)

# 为反派和英雄们准备的面部毛发样式的元组
facial_hair = ('Super Stache', 'Macho Beard', 'Gargantuan Goat-tee', 'Face
Mullet',)

# 打印出面部毛发
print(facial_hair)

# 使用 del 完全删除元组
del facial_hair

# 打印出 facial_hair 以显示它现在是空的
# print(facial_hair)

# 包含用于拼写 Missisisippi 的所有字母的元组
state = ('M', "i", "s", "s", "i", "s", "i", "s", "i", "p", "p", "i")

# 计算“i”在元组中出现的次数并打印出结果
print("There are this many of the letter i in Missisisippi: ")
print(state.count('i'))

# 计算“s”在 Missisisippi 中出现的次数
print("There are this many of the letter s in Missisisippi: ")
print(state.count('s'))

# 检查“z”或“i”是否出现在元组 state 中
print('z' in state)
print('i' in state)
```

```
# 循环遍历先前创建的 villainList 元组并打印出每个项
for var in villainList:
    print(var)
```

9.6 使用字典

Python 中还有另一种称为字典的数据结构。字典与列表、变量和元组的区别非常有趣。鉴于列表和元组将数据项存储在特定索引上，因此可以通过这些索引号（从 0 开始）取数据，而字典则依赖于所谓的映射来取数据。

映射是 Python 存储数据的一种方式，在这种方式中，Python 将键映射到值。这称为键 – 值对。

键在键 – 值对的左侧定义，通常与在右侧的值相关或对其进行描述。键是不可变的，不能更改，而值是可更改的，可以由任意数据类型组成。

要定义一个字典，你要先给它一个名字，然后把要存储在字典里的数据放在两个花括号 {} 之间：

```
algebro = {'codename': 'Algebro', 'power': 'Mathemagics', 'real-name':
'Al. G. Bro.'}
```

在这种情况下，我们可以说字典 algebro 表示邪恶的反派 Algebro。作为超级反派数据库的一部分，我们保持跟踪所有不那么友好的邻居反派。在我们的字典里，有几条信息——即他们的代号、超能力和真实名字。我们在字典中通过命名键来表示这些数据，以匹配将与之配对的数据。

例如，在这个例子中，codename 是一个键，而 Algebro 是属于这个键的值。它们合在一起就构成了字典 algebro 中的一个键值对。

字典 algebro 的其他键值对为：

- power : mathemagics
- real-name: Al. G. Bro

如果我们想把字典打印出来，我们可以使用如下命令：

```
# 创建名为 algebro 的字典并用键值对填充
algebro = {'codename': 'Algebro', 'power': 'Mathemagics', 'real-name': 'Al.
G. Bro.'}

# 打印出字典 algebro
print(algebro)
```

结果会输出：

```
{'codename': 'Algebro', 'power': 'Mathemagics', 'real-name': 'Al. G. Bro.'}
```

字典中的键值对也可以称为元素或数据项，他们是无序的。如你所料，它们也可以单独打印或者调用。比如我们只想知道 Algebro 的真实名字。要打印字典中特定键的值，我们可以这样写：

```
print(algebro['real-name'])
```

Python 将返回这样的结果：

```
Al. G. Bro.
```

9.7 字典方法

字典有几个内置方法，我们可以使用这些方法与键和值进行交互，比如我们想看看字典里有哪些键。要打印出这些键，可以使用 dict.keys() 方法：

```
# 创建名为 algebro 的字典并用键值对填充
algebro = {'codename': 'Algebro', 'power': 'Mathemagics', 'real-name': 'Al.
G. Bro.'}

# 只打印 algebro 字典中的键
print(algebro.keys())
```

运行代码时，将会输出：

```
dict_keys(['codename', 'power', 'real-name'])
```

如果只想访问字典 algebro 的值，我们可以使用 dict.values() 方法，如下所示：

```
# 只打印 algebro 字典中的值
print(algebro.values())
```

输出为：

```
dict_values(['Algebro', 'Mathemagics', 'Al. G. Bro.'])
```

但是如果我们想同时打印键和值呢？也有一种方法——dict.items() 方法：

```
# 打印键值对
print(algebro.items())
```

输出结果是：

```
dict_items([('codename', 'Algebro'), ('power', 'Mathemagics'), ('real-
name', 'Al. G. Bro.')])
```

当我们需要比较数据或检查字典中的数据时，这样使用字典方法是很好的。我们还可以将键及其相关数据与其他字典进行比较。例如，Algebro 这个反派可能出现在几个不同的字典中。一个字典可能会存储关于他的超能力和秘密身份的信息，而另一个字典可能会包含他的高中记录和他在体育方面的成绩。

最后，还有一种方法可以打印出字典中的数据项——简单地迭代（或循环）字典，在每次迭代时打印出信息。还记得 for 循环吗？它会在这里派上用场：

```
# 使用 for 循环遍历并打印出我们的字典
for key, value in algebro.items():
    print("The key is: ", key, " and the value is: ", value)
```

这段有用的代码片段会产生更友好的输出：

```
The key is:  codename  and the value is:  Algebro
The key is:  power  and the value is:  Mathemagics
The key is:  real-name  and the value is:  Al. G. Bro.
```

9.8 更多字典函数

与元组不同，字典值（尽管不是键）可以修改。比如我们想给反派 Algebro 加一个年龄。为此，我们可以简单地使用以下代码：

```
# 创建名为 algebro 的字典并用键值对填充
algebro = {'codename': 'Algebro', 'power': 'Mathemagics', 'real-name': 'Al.
G. Bro.'}
# 向字典 algebro 中添加键 'age' 并为其赋值 '42'
algebro['age'] = 42'

# 打印 algebro 以显示新添加的键值对
print(algebro)
```

运行此代码时，会得到以下结果：

```
{'codename': 'Algebro', 'power': 'Mathemagics', 'real-name': 'Al.
G. Bro.', 'age': '42'}
```

我们可以看到这里添加了新的键值对 'age' 和 '42'。

你可能注意到的问题是，年龄不是一个静态的数字；也就是说，它随着时间而变化。

每次反派 Algebro 过生日，我们都必须更新这个键值对。

不用担心，因为修改键对应的值和添加一个新键值对一样简单：

```
# 更新键 'age' 的值
algebro['age'] = 43

# 打印 algebro 字典以查看键 age 的更新值
print(algebro)
```

如果我们打印 age 的值，它将等于：43。

更新字典值的另一种方法是使用 dict.update() 方法。例如，我们可以添加一个名为 villainType 的新键，并使用 dict.update() 方法赋予它一个成对的值 mutate，就像这样：

```
#创建名为 algebro 的字典并用键值对填充
algebro = {'codename': 'Algebro', 'power': 'Mathemagics', 'real-name': 'Al.
G. Bro.'}

# 使用 dict.update() 将键值对添加到字典 algebro 中
# 注意混合使用大括号 {} 与括号 ()
algebro.update({'villainType': 'mutate'})

# 打印出结果
print(algebro)
```

现在，如果你运行这段代码，将会输出：

```
{'codename': 'Algebro', 'power': 'Mathemagics', 'real-name': 'Al. G. Bro.',
'age': 43, 'villainType': 'mutate'}
```

请注意键值对 villainType 和 mutate 的添加。另外，你还可以使用此方法更新字典中的任何现有键值对。

使用关键字 del（我们以前见过）可以从字典中删除键值对。例如，如果 Algebro 因为某种原因失去了超能力，可以像这样删除整个键值对：

```
# 使用 del 关键字删除键值对
del algebro['power']

# 打印 algebro 验证是否正确删除了键值对
print(algebro)
```

这段代码输出：

```
{'codename': 'Algebro', 'real-name': 'Al. G. Bro.', 'age': 43,
'villainType': 'mutate'}
```

经验证，我们确实成功地删除了 power 键及其对应的值。

另外，如果想删除整个字典，我们也可以使用 del：

```
# 使用 del 关键字删除 algebro 字典

del algebro

# 打印已删除的 algebro，将导致错误
# 这是因为 algebro 已经不存在了
print(algebro)
```

如果你运行上面的代码，你会得到一个错误消息，因为你现在正试图打印字典 algebro，而我们之前已经删除了它：

```
Traceback (most recent call last):
  File "C:/Users/James/AppData/Local/Programs/Python/Python36-32/
  DictionaryExamples.py", line 58, in <module>
    print(algebro)
NameError: name 'algebro' is not defined
```

最后，你可能希望删除字典中的所有数据项或键值对，但不删除字典本身。为此，我们使用 dict.clear() 方法：

```
# 创建名为 algebro 的字典并用键值对填充
algebro = {'codename': 'Algebro', 'power': 'Mathemagics', 'real-name': 'Al.
G. Bro.'}

algebro.clear()
print(algebro)
```

如果你运行这段代码，将会得到输出：

```
{}
```

得到一个空字典。或者，你还可以通过简单地输入：algebra ={} 来实现相同的效果。

9.9 其他字典方法

总的来说，大约有 26 种字典方法可供你使用；篇幅有限，我无法在本书中一一叙述；但是，我强烈建议你自己扩展和研究这些方法。尝试它们，明智地使用你新发现的能力！

其中的一些方法你已经在列表和元组上使用过了，其中包括 sum()、min()、max()、sorted() 等。

这里列出了一些其他的字典方法：大胆尝试吧！

- dict.clear()：删除字典中的所有项
- dict.copy()：返回字典的副本
- dict.fromkeys()：用于根据序列创建字典
- dict.get()：返回指定键的值
- dict.items()：返回给定字典的键值对的视图
- dict.keys()：返回字典中的键
- dict.popitem()：删除并返回一个字典元素
- dict.pop()：删除并返回一个指定键的元素
- dict.setdefault()：检查键是否存在，如果不存在，则插入键（和值）
- dict.values()：返回字典中的所有值
- dict.update()：用来更新字典

你可以在字典上使用的其他方法包括：

- any()：测试可迭代对象的元素是否为真
- all()：如果可迭代对象的所有元素都为真，则返回 True
- dict()：用于创建一个字典
- enumerate()：创建或者返回枚举对象
- iter()：返回给定对象的迭代器
- len()：返回一个对象的长度
- max()：返回最大元素
- min()：返回最小元素
- sorted()：返回一个已排序的列表
- sum()：对所有项求和

9.10 字典代码示例

这是一个包含本章所有代码的示例文件。你可以随意地做任何修改，并（疯狂地）试验代码。注意每一个错误，并利用到目前为止你从本书中获得的知识，尝试用有趣的方式修改它。

记住，要玩得开心，要有冒险精神（不然超级英雄还能是什么样子呢？）

```
# 创建名为 algebro 的字典并用键值对填充
algebro = {'codename': 'Algebro', 'power': 'Mathemagics', 'real-name': 'Al.
G. Bro.'}

# 打印出字典 algebro
```

```
print(algebro)

# 只打印出键 real-name 的值
print(algebro['real-name'])

# 只打印 algebro 字典中的键
print(algebro.keys())

# 只打印 algebro 字典中的值
print(algebro.values())

# 打印键值对
print(algebro.items())

# 使用 for 循环遍历并打印出我们的字典

for key, value in algebro.items():
    print("The key is: ", key, " and the value is: ", value)

# 向字典 algebro 中添加键 'age' 并为其赋值 '42'
algebro['age'] = '42'

# 打印 algebro 以显示新添加的键值对
print(algebro)

# 更新键 'age' 的值
algebro['age'] = 43

# 打印 algebro 字典以查看键 age 的更新值
print(algebro)

# 使用 dict.update() 将键值对添加到字典 algebro 中
# 注意混合使用大括号 {} 与括号 ()
algebro.update({'villainType': 'mutate'})

# 打印出结果
print(algebro)

# 使用 del 关键字删除键值对
del algebro['power']

# 打印 algebro 以验证是否正确删除了键值对
print(algebro)

##########################################################

# 这段代码被注释掉了，因为它会导致错误
# 使用 del 关键字删除 algebro 字典

# del algebro

# 打印已删除的 algebro，将导致错误
# 这是因为 algebro 已经不存在了
```

```
#print(algebro)
####################################################

# 创建名为 algebro 的字典并用键值对填充
algebro = {'codename': 'Algebro', 'power': 'Mathemagics', 'real-name': 'Al.
G. Bro.'}

algebro.clear()
print(algebro)
```

9.11 本章小结

你应该为自己走了这么远而感到自豪！在本章中，我们通过在你的记忆库中加入两种新的数据结构——元组和字典，扩展了你的大脑存储容量！

我们学了很多，像往常一样，用一个可爱的列表来总结这一章学到的大部分知识总是一个好主意。所以你猜怎么着？下面就是：

- 元组和字典是另外两种保存信息的数据结构形式，除此之外变量和列表也是。
- 元组类似于列表，但元组是不可变的；也就是说，元组的值不能更改或修改。
- 元组的定义如下：

```
villains = ('Eyebrow Raiser' , 'Angry Heckler' , 'Not So Happy Man' , 'The
Heck Raiser')
```

- 我们可以使用 print(villains) 打印元组。
- 打印元组中的一个项使用：print(villains[0])，它将打印元组中的第一个项（或者说索引 0 处的项）。
- 要打印元组中一定范围内的项，我们使用：print(villains[0:3])，它将打印索引 0、1 和 2 处的项；它在位于第二个参数 (本例中为 3) 的项之前结束打印。
- 元组函数包括 min()、max()、len()、sorted()、sum() 和 tuple()。
- 关键字 del 可用于删除整个元组。
- count() 统计元组中某项出现的次数。
- 我们可以使用 in 来检查元组中是否出现了某些内容；它返回一个布尔值 True 或 False。
- 字典使用映射来存储数据。
- 字典包含一个键值对或一组键值对，也称为元素或数据项。
- 键定义在冒号的左侧，而值定义在右侧。
- 字典的定义如下：

```
algebro = {' codename': ' algebro', 'power': 'agics', 'realname': 'Al. G. Bro.'}
```

- 你可以使用以下命令打印字典：print(algrebro)。
- 你可以使用：`print(algebro[' real-name'])` 打印指定键的值。
- 字典方法包括：dict.keys()、dict.items() 和 dict.update()。
- 关键字 del 也可以用来删除字典。
- dict.clear() 允许你在不删除实际字典的情况下清除字典中的元素（只删除它的键值对）。

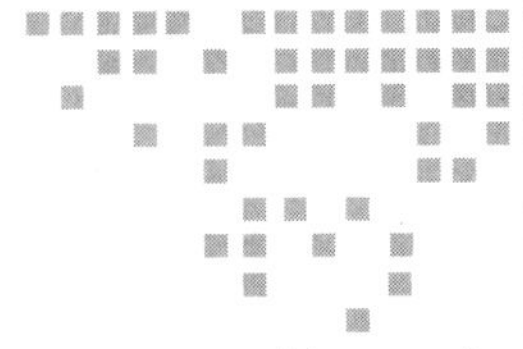

第 10 章 Chapter 10

Python 文件

到目前为止，我们一直在对单文件进行操作，也就是说，所有的代码都保存在一个 .py 文件中，并从该文件运行。然而，在真实的使用场景中，我们的许多程序将存储在多个文件中。更重要的是，我们可能会将一些喜欢的代码片段和函数保存到文件中供以后使用。这就是开发者们（包括现在的你）的工作方式。

我们使用多个代码文件的原因有很多。其中一些是围绕效率和减少代码中的错误——还记得我们关于代码复用的全部内容吗？我们在讨论函数和模块时深入地讨论了这一点。

我们还可以选择保存类和对象、变量、数据列表以及能想到的任何类型的常用代码。基本上，如果你认为以后会在程序中使用一些东西，它会节省你的时间，并通过减少输入来减少用户的错误（比如，你因打击犯罪而疲惫不堪的时候输入代码），帮你自己一个大忙吧，把它复制到一个单独的文件中，以备以后使用。

嗯，一定要把它完整地记录下来，这样你就知道保存这些代码的目的了！

使用来自多个文件的代码的另一个原因与这样一个事实有关——参与更大的项目时——我们通常不是唯一的开发人员，更大的可能是只负责整个大项目的一小部分。仅仅由于这个原因，你可能会发现自己要处理大量的文件。

举个例子，假如你正在编写一个超级英雄角色扮演类游戏，那么你可能要监督整个项目。你的朋友 Paul Coderman 可能负责处理战斗部分的代码。你的另一个好哥们儿 Ralph Programmerdudeson 可能负责处理角色创建。而你的办公室死敌（每人都会有一个死敌的吧）可能只是整天坐在角落，一边吃着不计其数的快餐，一边怒气冲冲地瞪着你。

为了把程序整合在一起，你可能会从 Paul Coderman 的文件中调用一组函数，然后在你的哥们儿 Ralph Programmerdudeson 的满是代码的文件夹中放入角色创建引擎部分的代码。最后，你的死敌将会增加对你的愤怒和刻薄。结合起来，你将拥有一个成功的角色扮演游戏所需要的所有元素。

10.1 Python 中文件的使用

如果你已经读到了本书的这里，我相信你一定知道什么是文件系统。如果不知道的话，想想你电脑桌面上那些存放文档、漫画、电子游戏和你的自拍照的小文件夹们吧。

最初安装 Python 时，我们让它安装在默认位置。默认位置取决于你的电脑、操作系统以及你硬盘的设置方式，你可能有一些非常类似于我的地方。例如，我的 Python 和 IDLE 实例安装在：

`C:\Users\James\AppData\Local\Programs\Python\Python36-32`

你的可能稍有不同，就像：

`C:\Users\YourName\Programs\Python` 等。

顺便说一下，我使用 IDLE 创建的所有 `.py` 或 Python 文件都是自动存储在同一个位置的。实际上，当我运行一个程序，它首先会搜索这个文件夹来查找该程序调用的文件。如果我从我创建的一个 Python 程序中调用另一个文件，它也会自动搜索这个文件夹，并希望在这里找到它。

下面是我的 Python 目录文件夹的一个例子，展示了我到目前为止为这本书所写的所有文件（参见图 10-1）：

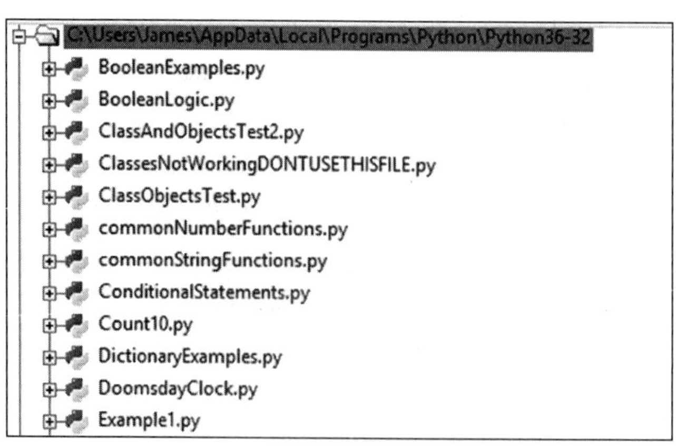

图 10-1　一个 Python 目录文件夹的例子

因为这些文件都在我们称之为根目录的地方，当我在 Python 程序中调用它们时，我不需要做任何特殊的事情（比如改变目录或查看其他文件夹），我所要做的就是在程序中命名文件，然后导入它。这对我们来说是小菜一碟。

在现实生活中，事情并不总是那么简单。我们通常将每个程序的程序文件保存在特定的文件夹中，这样就不会混淆或不小心调用错误的文件。你可以想象，在一年的时间里可能积累了相当多的文件，肯定需要一种方法来组织你的工作。

例如，如果你正在开发超级英雄角色扮演类游戏，你可能有一个名为 SuperheroRPG 的主文件夹。然后，在那个文件夹中，你会有一组文件夹来存放游戏每个部分的文件。考虑一下这个文件夹结构，例如：

- SuperheroRPG
- CharacterCreationModules
- BattleEngine
- VillainProfiles
- AreaFiles
- RandomEncounterFunctions

❑ ItemLists

❑ SuperPowerLists

❑ VillainsDictionaries

❑ HeroClasses

- Mutate
- Human
- Robot
- Magician

❑ SidekickProfiles

诸如此类。每个文件夹都保存着程序片段，这些部分用于执行程序的不同功能。例如，`BattleEngine` 文件夹将保存负责处理战斗场景、损伤结果等的函数和代码。

因为所有这些文件都存储在根目录之外，所以我们需要将文件从该部分代码所在的目录调用到主程序中来。

如果现在看起来有些混乱，没关系，我们将在本章详细介绍如何在一个程序中调用另一个程序——无论它位于何处。

既然你已经熟悉了文件夹结构和 Python 文件可能存储在不同位置的基本概念，那么剩下的工作就小菜一碟了。

10.2 文件类型

到目前为止，我们只使用到了 .py 文件。实际上，我们可以在文本或 .txt 文件中编写代码，使用这种方式编程的可是大有人在，他们依赖于 Windows 的记事本或另一种更令人印象深刻的文本编辑器 Notepad++ 之类的程序。我们将在本书的最后两章讨论一些可以用于编码的工具，现在，需要知道的是主要使用 .py 文件。

当你扩展你的程序，开发你自己的程序或者开始为公司工作时，你也会开始涉及其他的文件类型。其中最常见的是 .txt、超文本标记语言（HTML）（用于开发 web 页面）和逗号分隔值（CSV）文件——电子表格数据。

当然，也会使用其他语言的文件，比如 C 或 C++ 文件和 JSON。这就是所谓的扩展 Python，我们将在第 13 章简要介绍这个主题。

对本章中的示例，我们将主要使用 .txt 和 .py 文件，但是大部分理论都是通用的。

10.3 使用 Python 创建文本文件

有几种方法可以帮助我们理解本书的下一部分。对于初学者来说，我们可以简单地打开一个记事本或文本编辑器程序来创建一个新的文本文件，然后将其保存到你保存了所有其他（当前）.py 和 Python 程序文件的相同目录中。但这看起来有点懒。相反，让我们使用一种不同的方法：用一些 Python 代码来创建一个新的文本文件。

在本节中，我们将学习一些新的概念，所以如果事情没有马上得到解决，不要太担心。理解了核心概念之后，我们将非常全面地介绍所有内容。另外，像往常一样，请务必阅读代码注释，以便了解每一行的含义。

请记住，我们这个程序的目标是使用 Python 创建一个新的文本文件。这与我们到目前为止的 .py 或 Python 文件的创建方式不同。这里用的技巧是，我们将使用 Python 文件来创建一个文本文件，因此请确保你没有混淆我们正在处理的是哪个文件。

首先，我们需要创建一个名为 `FunWithFiles.py` 的新 Python 文件。添加以下代码：

```
# 这段代码用来打开一个文件
# 但是，因为这个文件现在还不存在
# Python 会自动为我们创建这样一个文件
newFile = open("CreatedFile.txt", 'w')

# 这段代码跟 print() 类似
# 但区别在于，这并不是把内容交给控制台去打印
# 而是将内容写入文件里
```

```
newFile.write("Look, we created a brand new file using Python code!")

# close() 函数的作用是将我们正在处理的文件保存并关闭
# 一定要养成每次处理完文件后将其关闭的良好习惯，这非常重要
# 以确保我们不会增加任何内容或弄乱文件
newFile.close()
```

在这段代码中有几个地方需要注意。首先，我们的目的是使用代码创建一个名为 CreatedFile.txt 的新文本文件或 .txt 文件。我们首先创建一个名为 newFile 的变量，并对其使用 open() 函数。通常，我们使用 open() 来做你认为它可能会做的事情——打开一个文件，以便对它采取某种操作。但是，在本例中，由于还不存在名为 CreatedFile.txt 的文件供 Python 查找，所以我们先写上并假设想要创建这样一个新的 .txt 文件，接着 Python 就会帮我们完成创建。请注意，即使存在同名文件，新创建的文件也会覆盖现有文件并将其内容置为空白，因此在使用此方法时要小心！

在这一行：

```
open("CreatedFile.txt", 'w')
```

"CreatedFile.txt" 是我们希望打开 / 创建的文件的名称。'w' 是可以在 open() 函数中使用的几个参数之一。

在本例中，'w' 告诉 Python 你希望打开文件进行写入操作。这样一来，Python 就会以写模式打开文件。此模式允许我们对相关文件进行更改或向文件添加内容。

或者，我们可以使用 'x' 模式，它允许我们创建新文件并写入内容。但是，它以独占方式创建文件，这意味着如果文件名已经存在，它将创建失败并报错。要使用它，我们只需将代码更改为：

```
open("CreatedFile.txt", 'x')
```

接下来在我们的代码中，我们希望向新创建的文件添加一些内容。当然，我们不必这样做——可以让它保持空白。不过，不妨在它打开的时候放点东西进去。

添加一行 .write 方法：

```
newFile.write("Look, we created a brand new file using Python code!")
```

这行代码用来将 “Look, we created a brand new file using Python code!” 这句话写入到新创建的 CreatedFile.txt 文件中并保存。

最后，为了不让我们的文件受到任何方式的损坏、更改或影响，我们需要在使用完后关闭之前打开或创建的文件，就像这样：

```
newFile.close()
```

10.4 Python 中的文件读取

除了创建文件和写入内容之外，还可以从文件中读取数据。现在我们已经创建了新文件 CreatedFile.txt，让我们编写一个程序来读取它。在 FunWithFiles.py 文件中添加以下代码：

```
# 打开文件“CreatedFile.txt”
read_me_seymour = open("CreatedFile.txt", 'r')

# 读取文件中的内容

print(read_me_seymour.read())
```

在这里，我们使用 open() 打开先前创建的文件，并传入 'r'（read：读）参数。然后，我们使用 print() 函数和 .read 方法将读到的文本打印到屏幕上，这样我们就看到文件的内容了。

当文件中只有一行文本时，这种方法很有效，但如果有多行文本呢？

更改 FunWithFiles.py 文件中的代码，使其匹配以下示例：

```
# 这段代码用来打开一个文件
# 但是，因为这个文件现在还不存在
# Python 会自动为我们创建这样一个文件
# 切记，如果文件名已经存在，下面的操作会将其覆盖，并且删除原文件中的
  所有内容
newFile = open("CreatedFile.txt", 'w')

# 这段代码跟 print() 类似
# 但区别在于，这并不是把内容交给控制台去打印
# 而是将内容写入文件里
newFile.write("Look, we created a brand new file using Python code!")
newFile.write("Here is a second line of text!")

# close() 函数的作用是将我们正在处理的文件保存并关闭
# 一定要养成每次处理完文件后将其关闭的良好习惯，这非常重要
# 以确保我们不会增加任何内容或弄乱文件
newFile.close()

# 打开文件“CreatedFile.txt”
read_me_seymour = open("CreatedFile.txt", 'r')

# 读取文件中的内容

print(read_me_seymour.read())
```

我们只需要向代码中添加这样的一行：

```
newFile.write("Here is a second line of text!")
```

当我们运行该文件时，我们希望看到两行文本，如：

```
Look, we created a brand new file using Python code!
Here is a second line of text!
```

然而，事实并非如此。反而我们得到的输出是：

```
Look, we created a brand new file using Python code!Here is a second line
of text!
```

这是为什么呢？

有两个答案，我们将分别讨论。首先，当我们最初将文本写入新创建的文件时，没有提供任何格式，.write 方法不假定回车或换行符（相当于在输入一个句子后按下 Enter 键）作为文本的结尾。

因此，为了确保我们的多行内容不会一行输出，就需要在文本的末尾添加一个 \n 换行符。也就是，你需要修改这两个 .write 语句，使它们看起来像这样：

```
newFile.write("Look, we created a brand new file using Python code!\n")
newFile.write("Here is a second line of text!\n")
```

继续，更改 FunWithFiles.py 文件，使其与上述更改匹配。现在再试着运行程序。这一次，你应该得到以下结果：

```
Look, we created a brand new file using Python code!
Here is a second line of text!
```

readline( ) 和 readlines( ) 的使用

有时你只想读取文本文件中的某一行或几行，.read 方法会读取文件的全部内容，因此就不适合此场景了。此时我们可以使用 readlines() 方法替代。

让我们修改代码来查看实际效果。把

```
print(read_me_seymour.read())
```

修改为：

```
print(read_me_seymour.readline())
```

现在，当你运行程序时，结果将会是：

```
Look, we created a brand new file using Python code!
```

这是因为 readline() 一次只读取一行文本。要读取文件中的下一行文本，只需再添加一个 readline() 即可。继续，并确保你当前的 FunWithFiles.py 副本匹配这个代码：

```
# 这段代码用来打开一个文件
# 但是，因为这个文件现在还不存在
# Python 会自动为我们创建这样一个文件
newFile = open("CreatedFile.txt", 'w')

# 这段代码跟 print() 类似
# 但区别在于，这并不是把内容交给控制台去打印
# 而是将内容写入文件里
newFile.write("Look, we created a brand new file using Python code!\n")
newFile.write("Here is a second line of text!\n")

# close() 函数的作用是将我们正在处理的文件保存并关闭
# 一定要养成每次处理完文件后将其关闭的良好习惯，这非常重要
# 以确保我们不会增加任何内容或弄乱文件
newFile.close()

# 打开文件“CreatedFile.txt”
read_me_seymour = open("CreatedFile.txt", 'r')

# 读取文件中的内容

# 读取文件的第一行内容
print(read_me_seymour.readline())

# 读取文件的第二行内容
print(read_me_seymour.readline())

# 再次关闭文件
read_me_seymour.close()
```

除了 readline() 之外，还有一个名为 readlines() 的函数，它们的操作尽管看起来几乎一样但稍有不同。如果我们要将代码（不要真的改）改为 `print(read_me_seymour.readlines())`，它将打印出文件中的所有行组成的列表，而不是打印出指定文件中的一行文本内容。结果会是这样的：

```
['Look, we created a brand new file using Python code!\n', 'Here is a
second line of text!\n']
```

10.5 关于文件读写的注意事项

在进一步讨论之前，我们先讨论下数据会如何写入到文件中。当你第一次写入文件时，一切正常。然而，如果我们试图打开一个文件并使用 `'w'` 参数第二次写入它，你实际上将覆盖当前存在于你试图写入的文件中的任何内容。

例如，如果你写下这样的代码：

```
# 这段代码用来打开一个文件
# 但是，因为这个文件现在还不存在
# Python 会自动为我们创建这样一个文件

newFile = open("CreatedFile.txt", 'w')

# 这段代码跟 print() 类似
# 但区别在于，这并不是把内容交给控制台去打印
# 而是将内容写入文件里
newFile.write("Look, we created a brand new file using Python code!\n")
newFile.write("Here is a second line of text!\n")

# 打开文件以添加更多文本
addingToFile = open("CreatedFile.txt", 'w')

# 添加更多内容
addingToFile.write("This is new text.\n")

addingToFile.close()
```

试着打印出结果，你认为结果会是什么？

你可能希望它是这样的：

```
Look, we created a brand new file using Python code!
Here is a second line of text!
This is new text.
```

但其实并不是。实际上，当我们第二次打开文件并开始写入时，我们会覆盖所有已经存在的文本并插入新的文本行作为替代。在这种情况下，真正的答案是：

```
This is new text.
```

那么，这个故事的寓意很简单：当你处理文件时，始终要注意所处的模式。

10.6 文件内容追加

要解决如何在不覆盖文件中任何现有内容的情况下写入文件的难题，我们只需从 `'w'` 参数切换到 `'a'`（append：追加）参数。

假设我们想在文件 `FunWithFiles.py` 中添加另一行文本，需要做的就是重新打开文件，进入追加模式。让我们修改程序，使它匹配以下内容：

```
# 这段代码用来打开一个文件
# 但是，因为这个文件现在还不存在
# Python 会自动为我们创建这样一个文件
newFile = open("CreatedFile.txt", 'w')

# 这段代码跟 print() 类似
# 但区别在于，这并不是把内容交给控制台去打印
# 而是将内容写入文件里
newFile.write("Look, we created a brand new file using Python code!\n")
newFile.write("Here is a second line of text!\n")

# close() 函数的作用是将我们正在处理的文件保存并关闭
# 一定要养成每次处理完文件后将其关闭的良好习惯，这非常重要
# 以确保我们不会增加任何内容或弄乱文件
newFile.close()

# 打开文件 "CreatedFile.txt"
read_me_seymour = open("CreatedFile.txt", 'r')

print("THE ORIGINAL TEXT IN THE FILE")
print(read_me_seymour.readline())
print(read_me_seymour.readline())

# 关闭文件
read_me_seymour.close()

# 再次打开文件以便写入一些内容
addingToFile = open("CreatedFile.txt", 'a')

# 以追加模式向文件中添加一些内容
addingToFile.write("This is new text.")

# 关闭文件
addingToFile.close()

# 再次打开文件，将内容读取出来
# 现在我们已经添加了一行

print("THE TEXT IN THE FILE AFTER WE APPEND")
appendedFile = open("CreatedFile.txt", 'r')

# 这是从文件中打印的另一种方式
# 这里使用 for 循环
# 使用关键字 in 和 line 来打印每一行的内容
# 文本文件中的内容

for line in appendedFile:
    print(line)

# 再次关闭文件
appendedFile.close()
```

这次我们做了不少补充。得益于完善的注释，整段代码相当明显地呈现出发生的更改以及它们做了什么。

尽管如此，我们还是讨论一下新添加的这些代码。

首先，简要概述代码及其用途。代码的目的是：

- 创建一个新的 txt 文件
- 向文件中写入两行文本
- 以读取模式打开文件以读取文件
- 打印出文件中的内容行
- 以追加模式打开文件
- 向文件追加一行新文本
- 打印出修改后文件的内容

在这些步骤中，我们还关闭了文件。对于每个打开的实例，不是读、写就是追加，我们都希望确保使用了良好的编码习惯并关闭文件。这可能不是编写文件最有效的方式，但对于我们这里的目的（只是学习基本语言、编码原则和理论）来说，这是最好的方式。

最后，你可能已经注意到，我们在代码的末尾偷偷加入了一个 for 循环。这是在文本文件中打印行的另一种方式。

10.7 目录的使用

如前所述，到目前为止，我们只在最初安装 Python 的目录下工作。这一节将学习如何打开计算机上其他文件夹或目录中的文件。

不过，在此之前，让我们先来了解一种简单的方法，它可以准确地指出我们当前所在的目录。创建一个名为 WorkingWithDirectories.py 的新文件并输入这些代码：

```
# 导入 os 模块
# 它用来处理操作系统信息
import os
# 使用 os 模块的 getcwd() 方法
# 查看我们所在的目录
print(os.getcwd())
```

当你运行这段代码时，你会得到一个类似于我的结果。它会和我的结果不同，因为我们的计算机系统和设置是不同的，但它应该像这样：

```
C:\Users\James\AppData\Local\Programs\Python\Python36-32
```

这里有个重要事情需要注意：因为我们可能将文件放在不同的目录中，如果我们试图在当前目录中打开一个不存在的文件，程序便会报错，或者也可能意外地创建该文件的新版本。当然，如果在不同的目录中有同一文件的多个副本，就很有可能造成混乱。

现在我们知道了当前所在目录，我们可以切换到另一个目录并从那里打开一个文件。我说“可以”是因为在实际尝试它之前，我们需要创建一个要切换到的新目录。你是否还记得，在本章开始时我曾向你展示了当前的 Python 目录，那张图片有点误导人，因为它没有包含我所有的目录或文件夹。下面是我的实际情况（参见图 10-2）：

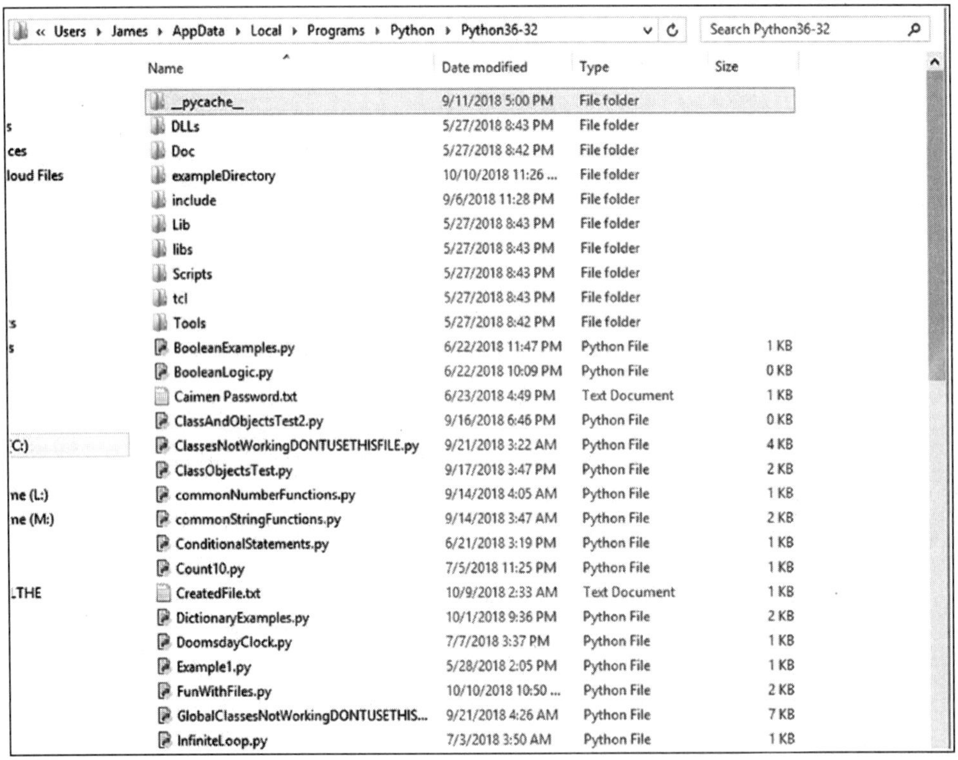

图 10-2　我真正的 Python 目录视图，展示文件和文件夹

如果你一直按照本书的建议创建文件，那么你的文件结构和我的看起来会很相似，只是可能缺少那么一两个文件。

让我们继续并创建一个新目录，我们将使用 `os` 的 `mkdir()` 方法创建新文件，称之为 `newDirectory`。将这些代码添加到你的 `WorkingWithDirectories.py` 文件中：

```
# 创建一个新的目录或文件夹
os.mkdir("newDirectory")
```

现在，运行该文件，它将创建一个名为 `newDirectory` 的新文件夹。如果你打开

Python所在目录的文件夹，应该会看到它添加到了文件列表中，类似于我的文件列表（参见图10-3）：

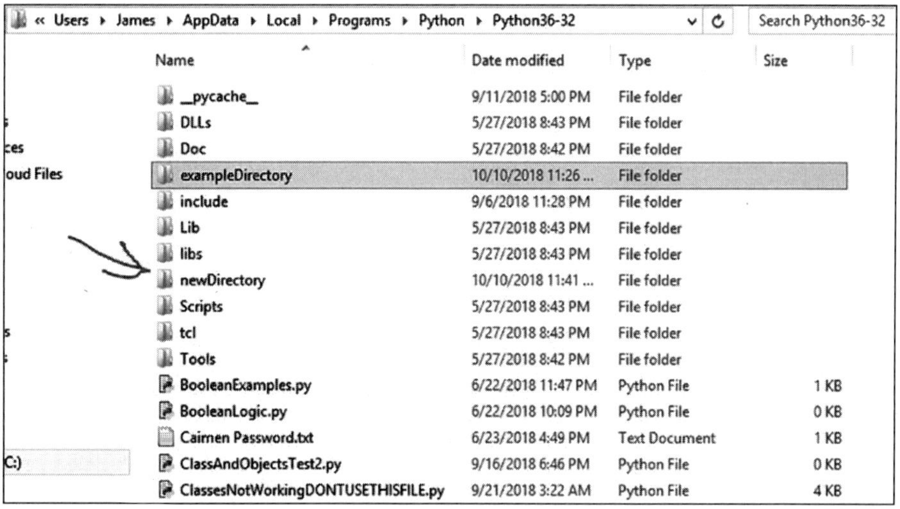

图10-3　新创建的“newDirectory”文件夹

接下来的部分很重要！现在，我们将在更改目录之前注释掉刚刚添加的代码。因为如果不这样做，我们将收到一个错误消息。为什么会报错呢？原因就是如果目录已经存在Python就不会再创建它。那么既然我们刚刚创建了它——好吧，你明白了吧！

修改你的代码，使它与我的匹配，然后运行程序。

注意：请确保这个目录（“C:/Users/James/AppData/Local/Programs/Python/ Python36-32/newDirectory”）匹配你的目录（而不是我的）。你可以使用本节第一个示例中返回的值，在其中，我们首次学习了如何使用os.getcwd()。如果不这样的话，程序可能会报错。另外，一定要将目录路径中所有的\改为/，否则也会报错。

这里是代码：

```
# 导入os模块
# os模块用来处理操作系统信息
import os

# 使用os模块的getcwd()方法
# 查看我们所在的目录
os.getcwd()

# 创建一个新的目录或文件夹
# 我们把此处注释掉是因为我们在前面已经创建了目录
```

```
# 如果不这样做，Python 将尝试再次创建它
# 会导致错误
# os.mkdir("newDirectory")
# 使用 chdir() 方法对目录进行修改
os.chdir("C:/Users/James/AppData/Local/Programs/Python/Python36-32/
newDirectory")
print(os.getcwd())
```

警告！如果你收到一条错误消息，原因很可能是你试图更改的目录不正确。如果你编写的代码与我的完全匹配，那么肯定会出现这种情况。记住，我们的目录是不同的，所以你必须插入你自己的目录。例如：

```
os.chdir("C:/Users/James/AppData/Local/Programs/Python/Python36-32/
newDirectory")
```

我是这样改变我的目录的，你的也可能是类似这样：

```
os.chdir("C:/Users/YourName/Programs/Python/Python36-32/newDirectory")
```

此处需要与本节第一个示例中的 `os.getcwd()` 返回的目录匹配，并添加 `/newDirectory`。

另外，记得把你的反斜杠（\）改成正斜杠（/）。例如，我的原始目录是：

```
C:\Users\James\AppData\Local\Programs\Python\Python36-32
```

但当我们编写到代码里时，它应该是：

```
C:/Users/YourName/Programs/Python/Python36-32/
```

一旦你整理好代码并运行它，你将会得到一个类似这样的输出：C:\Users\James\AppData\Local\Programs\Python\Python36-32\newDirectory，它显示了你切换到的目录。只要最后的结尾是 `\newDirectory`，我们就知道代码成功了。

现在我们知道了如何创建一个新目录以及如何切换到另一个目录，让我们切换回原来的目录，这样我们就可以继续编写到目前为止在本书中所创建的代码。

要切换回来，我们只需再次使用 chdir() 方法，这次将它指回原始目录。记住，用你的原始目录代替我写的目录：

```
# 使用 chdir() 方法修改目录
print("Changing to the newDirectory folder: ")
os.chdir("C:/Users/James/AppData/Local/Programs/Python/Python36-32/
newDirectory")
```

```
# 打印当前的目录以验证它是否更改
print(os.getcwd())

# 将目录切换回原来的位置
# 记住一定要使用你自己的目录，而不是我的！
os.chdir("C:/Users/James/AppData/Local/Programs/Python/Python36-32")

# 验证我们是否切换成功
print("Back to the original directory: " )
print(os.getcwd())
```

在这里，我们添加了几个 `print()` 函数来显示当前所处的目录。我们还添加了最后的目录更改来返回到原始目录。运行时的结果应该类似于：

```
Changing to the newDirectory folder:
C:\Users\James\AppData\Local\Programs\Python\Python36-32\newDirectory
Back to the original directory:
C:\Users\James\AppData\Local\Programs\Python\Python36-32
```

在我们结束关于创建目录和在目录之间来回更改的讨论之前，还有最后一件事。为了避免将来出现混淆，我们继续操作，删除 newDirectory 文件夹。我们可以通过简单地打开 Python 文件夹并单击该文件夹选择删除来实现这一操作。然而，我们现在是开发者了，正如众所周知的开发者所做的那样，我们应该使用代码来为我们做烦琐的工作！

要删除一个目录，只需将以下代码添加到文件中：

```
# 删除 newDirectory 目录
# 使用 rmdir() 方法
os.rmdir('newDirectory')
```

一旦运行了该代码，如果查看 Python 文件夹，你将会看到 `newDirectory` 文件夹已不复存在。注意，我们不需要使用 Python 的完整路径来查找目录。这是因为该文件夹存在于当前的根文件夹中，我们已指示 Python 在其中进行搜索（即：`C:\Users\James\AppData\Local\Programs\Python\Python36-32`）。如果要将文件夹更改为"newDirectory"，那么 mkdir 和 chdir 同样适用。

10.8　奖励环节

在本章中，我们学习了很多关于处理文件和目录的知识，但是仍然有一些事情需要学习。我不想用太多的信息压倒你，所以，还是来一个短小甜蜜的超级神秘奖励吧。

我们在上一节中学习了如何删除目录，但是如何删除文件呢？删除文件非常简单，使用 `remove()` 方法即可，如下：

```
# 导入 os 模块
import os

# 使用 remove() 方法删除文件
os.remove('test.txt')
```

这段代码将从当前目录中删除 test.txt 文件。如果文件位于当前目录之外的其他目录中，我们可以切换到该目录，然后再使用 remove()，或者将文件路径和名称提供给 remove() 方法，就像这样：

```
# 导入 os 模块
import os

# 使用 remove() 方法删除文件
# 如果文件存在于这个目录下
os.remove('C:\Users\James\AppData\Local\Programs\Python\Python36-32\
newDirectory\test.txt')
```

其中目录就等同于文件所在的路径。

最后，有时你可能会想更改文件名。我们可以使用另一种方法——rename()：

```
# 导入 os 模块
import os

# 使用 rename() 方法重命名文件
# 重命名需要两个参数
# 当前文件名和新文件名
os.rename('test.txt', 'newTest.txt')
```

这段代码将获取当前目录中的 test.txt 文件，并将其重命名为 newTest.txt。

10.9 FunWithFiles.py

下面是 FunWithFile.py 文件中的所有代码的编译副本。你可以随意修改并试验这段代码，经常运行它以查看更改的结果！

```
# 这段代码用来打开一个文件
# 但是，因为这个文件现在还不存在
# Python 会自动为我们创建这样一个文件
newFile = open("CreatedFile.txt", 'w')

# 这段代码跟 print() 类似
# 但区别在于，这并不是把内容交给控制台去打印
# 而是将内容写入文件里
newFile.write("Look, we created a brand new file using Python code!\n")
newFile.write("Here is a second line of text!\n")
```

```
# close() 函数的作用是将我们正在处理的文件保存并关闭
# 一定要养成每次处理完文件后将其关闭的良好习惯，这非常重要
# 以确保我们不会增加任何内容或弄乱文件
newFile.close()

# 打开文件“CreatedFile.txt”
read_me_seymour = open("CreatedFile.txt", 'r')

print("THE ORIGINAL TEXT IN THE FILE")
print(read_me_seymour.readline())
print(read_me_seymour.readline())

# 关闭文件
read_me_seymour.close()

# 再次打开文件以便写入一些内容
addingToFile = open("CreatedFile.txt", 'a')

# 以追加模式向文件中添加一些内容
addingToFile.write("This is new text.")

# 关闭文件
addingToFile.close()

# 再次打开文件，将内容读取出来
# 现在我们已经添加了一行

print("THE TEXT IN THE FILE AFTER WE APPEND")
appendedFile = open("CreatedFile.txt", 'r')

# 这是从文件中打印的另一种方式
# 这里使用 for 循环
# 使用关键字 in 和 line 来打印每一行的内容
# 文本文件中的内容

for line in appendedFile:
    print(line)

# 再次关闭文件
appendedFile.close()
```

10.10 WorkingWithDirectories.py

下面是来自WorkingWithDirectories.py文件的完整代码。注意，有些代码被注释掉了，因为多次使用这些代码会导致错误。这与我们创建和删除新目录有关——如果我们试图创建一个已经存在的目录，将会导致错误。

再一次，你可以随意试验这些代码，最重要的是，享受乐趣。毕竟，破坏代码——

然后修复它——是我们成为真正强大的编码超级英雄的方式！

```
# 导入 os 模块
# os 模块用来处理操作系统信息
import os

# 使用 os 模块的 getcwd() 方法
# 查看我们所在的目录
os.getcwd()

# 创建一个新的目录或文件夹
# 我们把此处注释掉是因为我们在前面已经创建了目录
# 如果不这样做，Python 将尝试再次创建它
# 会导致错误
# os.mkdir("newDirectory")

# 使用 chdir() 方法对目录进行修改
print("Changing to the newDirectory folder: ")
os.chdir("C:/Users/James/AppData/Local/Programs/Python/Python36-32/
newDirectory")

# 打印当前的目录以验证它是否更改
print(os.getcwd())

# 将目录切换回原来的位置
# 记住一定要使用你自己的目录，而不是我的！
os.chdir("C:/Users/James/AppData/Local/Programs/Python/Python36-32")

# 验证我们是否切换成功
print("Back to the original directory: " )
print(os.getcwd())

# 删除 newDirectory 目录
# 使用 rmdir() 方法

os.rmdir('newDirectory')
```

10.11 本章小结

你在这次冒险中真的很勇敢，小英雄！你学到的东西足以让一些聪明的脑瓜嫉妒。顺便说一下，你应该看看那些嫉妒者的额头——太大了！

然而，像你一样聪明且有天赋的人，我建议你在忘光学过的东西之前复习一下，这是非常必要的。废话不多说，在嫉妒者赶上你之前，来看下本章的总结：

- Python 能够处理许多文件类型，包括 .py、.txt、.html、.c、CSV 和 JSON。
- open() 用于打开文件，还可以使用 open() 创建一个文件，前提是相同名称的

文件不存在。

- open() 使用示例：open("CreatedFiletxt", 'w')。
- 'w' 参数用于在写入模式下打开文件。
- 'x' 参数用于在创建 / 写入模式下打开文件。
- .write 方法允许我们将文本添加到文件中。
- .write 方法使用示例：newFile.write("Here is some text.")。
- 在操作完成后，一定要使用 close() 函数来关闭文件。
- close() 方法使用示例：newFile.close()。
- 参数 'r' 用于打开文件进行读取。
- .read() 方法读取文件中的所有内容。
- .read() 方法使用示例：print(readMe.read())。
- 使用 readline() 来读取文件的一行。
- readline() 方法使用示例：print(readMe.readline())。
- 应该使用追加参数 'a' 来向现有文件中追加写入内容。使用 'w' 将覆盖现有文件的内容。
- 要使用目录，必须导入 os 模块。
- 使用 getcwd() 来查看当前所在目录。
- getcwd() 使用示例：os.getcwd()。
- 使用 mkdir() 创建一个新目录。例如：os.mkdir ('newDirectory')。
- 使用 chdir() 来更改目录。例如：os.chdir('C:/Users/YourName/')。
- 使用 rmdir() 删除目录。例如：os.rmdir ('newDirectory')。
- 使用 os.remove() 删除文件。例如：os.remove ('test.txt')。
- 使用 os.rename() 来重命名文件。例如：os.rename('test. txt', 'newTest.txt')。

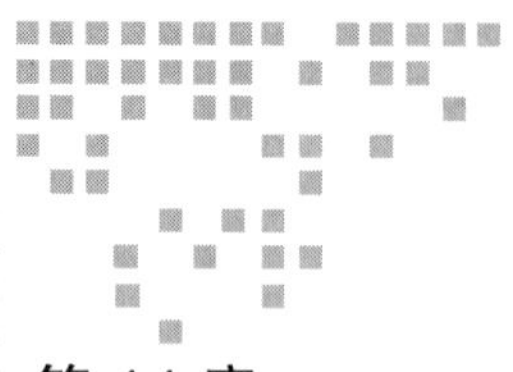

Chapter 11 第 11 章

Python 游戏编程

现在是拿一章专门来讨论用 Python 制作电子游戏的好时机，毕竟，正是这种兴趣让我在多年前开始编程，那时我还是个孩子。从那以后，技术有了很大的进步。当时，PC 游戏都是基于文本的，只有一些由质量很差的图形组成的画面，甚至更糟糕的，由 ASCII 字符组成。

甚至连声音都是非常基本的：想想单音节的拟声词 boops、beep 和 borps 的效果。至于动画？嗯，它们在技术上是存在的。

这并不是说没有更好质量的电子游戏出现。那时，雅达利（Atari）已经存在了很长时间，任天堂娱乐系统（NES）、世嘉（Sega）[⊖]和康懋达（Commodore）[⊜]也都可以使用。我甚至拥有一台任天堂游戏机，并惊叹于其高科技的 8 位图像和尖端的音效。

虽然这些游戏都很棒——其中一些至今仍有价值，而且比我在 PS4 上运行的许多游

⊖ 世嘉公司（株式会社セガ，英文：SEGA Corporation）简称世嘉，是日本一家电子游戏公司，曾经同时生产家用游戏机硬件及其对应游戏软件、业务用游戏机硬件及其对应游戏软件以及电脑游戏软件。——译者注

⊜ Commodore 是与苹果公司同时期的个人电脑公司，曾经创造过一系列奇迹。Commodore 公司于 1982 年推出的 Commodore 64 成为吉尼斯世界记录上销量最高的单一电脑型号，于 1985 年率先推出的世界上第一台多媒体计算机系统 Amiga，由于采用特殊总线，其结构与标准的视频信号兼容，可方便地处理视频和声音信号，成本也较低。1994 年，Commodore 停止生产并宣布破产。1995 年，德国电子公司 Escom AG 以 1000 万美元并购个人电脑先驱企业 Commodore 电子有限公司。——译者注

戏更有趣——但这些主机游戏[⊖]缺少我的PC游戏所拥有的一项东西：我能够破解它们，更重要的是，我可以在电脑上创建我自己的版本。

现在情况不同了，如果有需要，你可以购买任何主流游戏平台的开发环境，并在获得一定的资源和技能的前提下，开始开发自己的游戏。这些游戏是否会出现在游戏商店中，谁也说不上来，但关键是，从技术上讲，你现在可以创造主机游戏了。

以前，在我小时候，你没办法做到这些。

电子游戏是学习计算机编程技能的好途径。给定一个足够复杂的电子游戏，你可以真正地活动你的编码肌。你能够以意想不到的方式使用代码，并且在编写游戏之前你需要先计划好——这是非常重要的一部分，特别是当你创造了一款带有故事情节的游戏时。

然而，对我来说，更重要的是电子游戏能给人带来激情。我希望，如果这本书的内容没能真正激发你的想象力或者激发你对编程的兴趣，那么创造自己的游戏也许可以。

即使你不喜欢制作游戏，而是对计算机安全、桌面应用程序、数据科学或使用web框架更感兴趣，我仍然希望你继续学习本章的内容。本章不会涉及大量的深入编码，但是我们会介绍一些可以在游戏之外使用的东西，比如处理声音、图片甚至动画。

11.1　Python电子游戏编程

不可否认，当你想到电子游戏编程时，你首先想到的语言并不是Python。话虽这么说，但是它已经被用在了一些大型游戏中——《战地》就是一个很好的例子，它是在PC和主机上使用Python的游戏。

如果你真的想成为一名游戏开发者，你需要尽可能多地学习C++和Java。这是目前大多数游戏中最常用的两种语言。其他的也在使用，比如用于Unity的C#（它是用Python扩展的），但实际上，你更应关注C++，特别是如果你想做主机游戏或PC游戏的话。

如果你计划编写基于web的游戏，那么你将需要了解HTML5、CSS3、JavaScript和SQL（一种数据库语言）。

当然，你可以同时使用多种语言来开发游戏，这里列出的都是重量级的语言。

⊖ 主机游戏，原名console game，又名电视游戏，包含掌机游戏和家用机游戏两部分。是一种用来娱乐的交互式多媒体。通常是指使用电视屏幕为显示器，在电视上执行家用主机的游戏。在美日欧，电视游戏比电脑游戏更为普遍，由于游戏软件种类多、设计也较亲切、容易上手。主机游戏比电脑游戏更有可玩性。但在亚洲地区电脑网络游戏的蓬勃发展，再加上电视游戏的语言大多并非母语（通常是日语或英语），这些地区的电脑游戏比主机游戏更为发达。——译者注

话虽这么说，但如果你想学习游戏的核心概念，甚至想创建自己的游戏，Python 会是一个非常好的选择——无论是为了好玩，还是与朋友分享，或者作为一种人生的投资。Python 比 C++ 更容易学习，如果你已经深入到本书的这一部分，那么你已经很好地掌握了 Python 编码基础知识。

Python 还提供了非常方便的 pygame 模块，我们在本书的前面已经安装了这个模块，它实际上是一组不同模块的集合，允许你用 Python 创建自己的游戏和动画。

因为这是一本关于 Python 的书，所以我们将主要关注如何使用 Python 创建游戏。但是我不希望你忽略这样一个事实，即一旦你掌握了 Python，就应该将学习其他语言提上日程。

11.2 Python 可以编写的游戏类型

使用 Python 可以创建的游戏类型实际上是没有限制的——至少在理论上是这样。你可以制作角色扮演游戏（RPG）、第一人称射击游戏（FPS）、平台游戏、益智游戏等等。这些游戏可以是基于文本的，混合了简单的图形、声音和文本、动画、2D 侧滚轮的（想想任天堂的《魂斗罗》），甚至可以是 3D 游戏。

如果你想涉足制作 3D 游戏，你需要学习一些额外的技术，比如 Panda3D（`www.panda3d.org/`）。我们不会在这里深入到 3D 游戏开发中，但是要知道这种游戏是可以用 Python 制作的。

虽然 Python 可以帮助你制作优秀的游戏，但真正的资源密集型游戏都需要大量内存和处理器运算能力，最好是用 C++ 来制作，这样可以让你更好地访问进程和图形硬件。

来看看使用 Python 到底可以开发什么类型的游戏——特别是哪类游戏你可以使用 pygame 模块来开发，这些我们将在本章涵盖——访问 pygame 官方网站的项目库去浏览大量游戏，网址是：`www.pygame.org/tags/all`。

你可以按类型、使用的库等查看 Python 开发者开发的游戏。这是一个可以得到很多想法和灵感、同样可以玩到很多游戏、收获很多欢乐的地方。

11.3 pygame 介绍

如果你一直在跟着本书学习，那么我们已经安装了 `pygame` 模块，没有安装也不用担心——我们将重新安装它，以防你之前跳过了这一部分或者想再次学习如何安装它。

然而，首先，我们应该谈一谈 pygame 的历史以及它到底是什么。

虽然我们称 pygame 为模块，但实际上，它是专门为电子游戏开发创建的一组模块。由 Pete Shinners 开发的第一个版本早在 2000 年 10 月就发布了。这个（些）模块是由 Python、C 和汇编语言混合而成的。

除了 PC 上的游戏，pygame 还可以为 Android 设备开发游戏，使用的是一个名为 PGS4A 的子模块集。你可以通过访问 http://pygame.renpy.org/ 来了解更多关于使用该子模块集为移动设备开发游戏的信息。

11.4　安装 pygame

如前所述，我们已经安装了 pygame 模块。然而，为了清晰起见，这里再次给出安装方法，以防你不想往回翻几章到第 7 章。

要安装一个模块——这里是 pygame 模块，需要先打开命令行或 CMD 窗口，并在命令提示符处输入以下内容：

```
python -m pip install pygame
```

如果你还没有安装 pygame，你将在命令提示符窗口中看到下载和安装程序包的过程，类似于图 11-1。

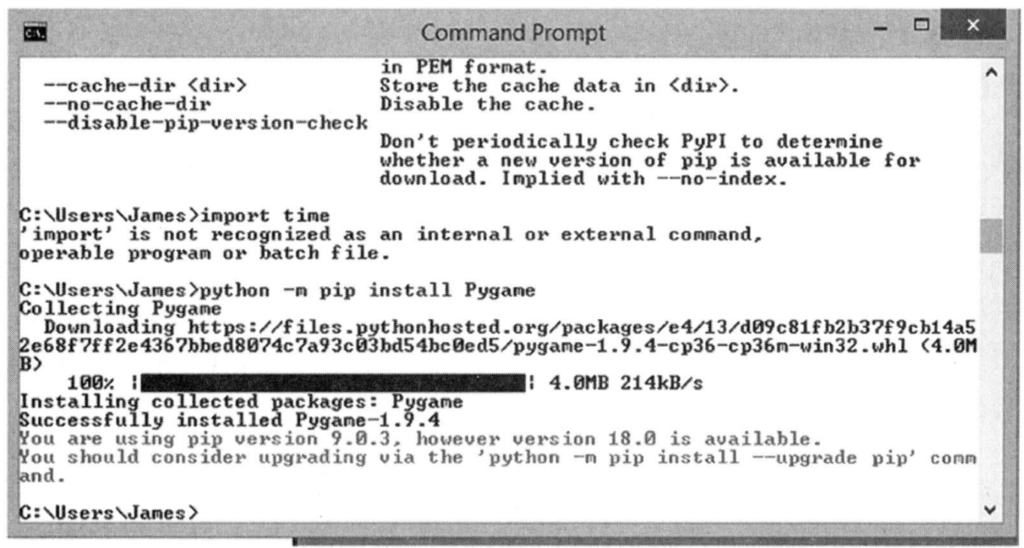

图 11-1　安装 pygame 模块

就是这么简单！

11.5 设置 pygame 游戏开发基本框架

首先我们需要一个用于创建 pygame 的结构。为此，我们可以使用一个最基本的引擎——也没有更好的词来形容它了，它看起来就像这样：

```
import pygame
from pygame.locals import *
import sys

# 初始化 pygame 模块，以便我们之后使用它们
pygame.init()

# 创建游戏画面，并设置大小为 800 x 600 像素
screen = pygame.display.set_mode((800, 600))

# 创建一个循环，让游戏持续运行
# 直到用户选择退出

while True:
# 以事件的形式获得玩家反馈
    for event in pygame.event.get():
        # 如果玩家点击红色的“x”，则视为退出事件
        if event.type == QUIT:
            pygame.quit()
            sys.exit()
```

这是一个使用 `pygame` 模块的简单游戏版本。虽然这段代码严格来说没有可玩性，但它确实为我们创建了一个可以用来构建游戏的系统。代码的工作方式如下。

在导入我们需要的模块（`pygame` 和 `sys`）之后，我们还要导入 `pygame` 中包含的所有额外模块。大多时候导入 `pygame` 足矣，但有时候与 `pygame` 绑定的所有模块都可能会无法加载（这取决于你的系统），因此我们使用：

```
from pygame.locals import *
```

作为一个预防措施来确保导入了所有内容。

现在模块已经加载完毕，我们需要通过这样一行代码初始化所有 `pygame` 模块：`pygame.init()`。

到目前为止，我们使用 IDLE 运行代码，并在 Python Shell 中显示结果。但是，当我们使用 pygame 编写游戏时，由于是在处理图形，所以需要创建一个实际的屏幕来显示程序。使用 `.display.set_mode()` 来创建窗口或屏幕。这一行：screen = pygame.display.set_mode((800, 600)) 创建了一个宽高为 800 × 600 像素的窗口。我们稍后将把图像、图形和文本绘制到这个屏幕上。

这段代码的最后一部分——也是你需要为所有游戏创建的东西——称为游戏循环。

该结构的用途相当简单：以表单或鼠标单击、键盘/按键的形式接收用户输入，我们将其称为事件。

当我们创建一个交互式游戏时，我们需要用一种方法让用户告诉游戏他们已经玩完了并要退出。游戏循环也是为了达到这个目的。

以 while True 开始的 while 循环将启动游戏循环。然后，程序将等待用户采取行动——创建一个事件。现在，我们已经将游戏设置为寻找退出（QUIT）事件。

退出事件意味着用户将按下窗口右上角的红色X关闭了窗口。一旦发生这种情况，我们将使用两个重要的函数，这也是所有 pygame 程序都必须具备的：pygame.quit() 和 sys.exit()。这两个函数分别用来结束 pygame 和退出游戏程序，你必须两者兼备，否则你的窗口会被冻结或挂起。

如果你现在运行这个程序，会弹出一个黑色背景的窗口，别的什么也不会发生。当你点击红色的X，窗口将关闭，程序也就结束。

11.6 添加到我们的游戏框架中

现在，我们的 pygame 游戏框架已经准备就绪，如果想让它更有趣一点，我们可以添加一些有活力的东西。毕竟，我们都是超级英雄，没有一点天赋算什么英雄呢？

首先，让我们创建一个名为 pygameExample.py 的新文件。添加以下代码：

```
import pygame
from pygame.locals import *
import sys

# 创建一个元组存放 RGB（红、绿、蓝）的值
# 这样我们之后可以把屏幕涂成蓝色
colorBLUE = (0, 0, 255)

# 初始化 pygame 模块，以便我们之后使用它们
pygame.init()

# 创建游戏画面，并设置大小为 800×600 像素
screen = pygame.display.set_mode((800, 600), 0, 32)

# 为窗口设置一个标题
pygame.display.set_caption("Super Sidekick: Sophie the Bulldog!")

# 在屏幕 / 窗口绘制蓝色的背景
screen.fill(colorBLUE)

# 把蓝色窗口显示到屏幕上
pygame.display.update()
```

```
# 创建一个变量
# 值用来存放游戏是否在运行
running = True

# 创建一个循环让游戏一直运行
# 直到用户决定退出
# 如果用户决定退出，它将会改变 running 变量的值
# False 就是结束游戏

while True:
# 以事件的形式获得玩家反馈
    for event in pygame.event.get():
        # 如果玩家点击红色的 'x'，则视为退出事件
        if event.type == QUIT:
            pygame.quit()
            sys.exit()
```

这段代码与前面展示的示例类似。我在代码中添加了几行代码，目的是美化窗口，使它看起来更好一些。

我添加的第一段代码是：

```
colorBLUE = (0, 0, 255)
```

如注释所示，这是一个元组，它的值表示 RGB(红、绿、蓝)，我们稍后将使用这些值为屏幕上色。我们必须将这些值作为元组传递到屏幕对象 / 变量中，因为这才是它所能接受的数据类型。

RGB 值背后的原理是这样的：使用红、绿、蓝三种颜色组合出人眼可见的任何颜色。在我们的例子中，第一个值 0 表示没有红色，第二个值 0 表示没有绿色，第三个值 255 是可以添加的蓝色的最大数值。如果我们使用 `(0,0,0)`，将得到黑色，这是一个没有任何颜色的颜色。反之，`(255,255,255)` 等于白色，因为白色是所有颜色的混合。

接下来，我们想要为我们创建的窗口添加一个标题，使用 `.display.set_caption()` 来实现，如下所示：

```
pygame.display.set_caption("Super Sidekick: Sophie the Bulldog!")
```

这段代码将创建一个类似这样的标题，位于窗口顶部，如图 11-2 所示：

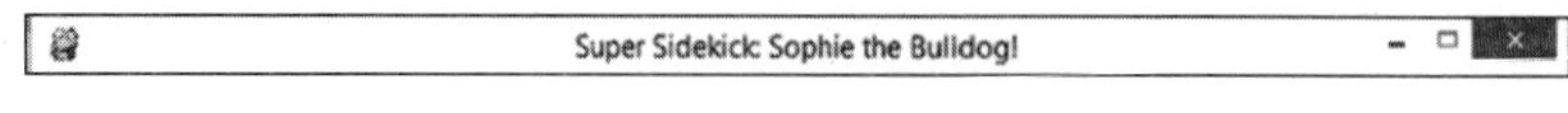

图 11-2　窗口标题示例

之后，我们要用蓝色填充背景 / 屏幕，所以我们使用 `.fill()`：

```
screen.fill(colorBLUE)
```

注意，到这里实际上还没有向窗口添加任何内容。我们需要使用 .display.update() 更新显示，才能实际将背景绘制为蓝色：

```
pygame.display.update()
```

现在，当我们保存程序并运行它时，会弹出一个蓝色屏幕，与之前的黑色屏幕不同，它还带有一个程序标题！去试试吧，记住点击红色的 X 就可以退出程序。

11.7　向 pygame 中添加图片和精灵

现在我们知道如何格式化游戏窗口并设置一个基本的游戏循环了，接下来我们要做的是学习如何处理图片。毕竟，使用 pygame 模块的最终目的是创作电子游戏，对吧？

当我们讨论二维（2D）电子游戏中的图片时，我们将它们称为精灵。这是对精灵是什么的简单描述，但对我们来说已经足够了。

电子游戏中的精灵通常指的是代表玩家的角色、敌人角色或其他有形象的角色。此外，精灵也可以是游戏中的物体，比如子弹、树和石头等等。

这些精灵可以是静态的（不移动的），也可以是动态的。在本节中，我们将简单地论述一个静态精灵。你可能已经注意到我们的窗口标题 Super Sidekick: Sophie the Bulldog!（超级伙伴：斗牛犬苏菲），这不是随便起的！

很多超级英雄都有宠物伙伴。我害怕被起诉，害怕失去我的巨额财富和我收藏的一些有点过时的摩托车，所以我不敢说出其中的任何一个，但相信我，它们有很多。

你和我为什么要标新立异呢？难道我们不也应该有一个宠物伙伴吗？我的伙伴恰好是一只名叫苏菲的斗牛犬，它的超能力是打嗝、睡觉、咬我的脚趾和大声打鼾。

在这部分代码里，我要在游戏窗口中添加一张斗牛犬苏菲的图片。如果你愿意，你可以跟着做。如果你有自己宠物伙伴的图片，或者任何你希望拥有的宠物伙伴的图片那就更好了。把图片保存到 pygameExample.py 文件所在的文件夹中，如果不这样做，你的程序就会找不到它。

最后一点：确保你用的是你自己图片文件的名称，而不是我在程序中输入的名称。例如，我使用的图片名为“SophieTheBullDog.jpg”，你的可能会是其他不同的名字。

将以下代码添加到你的 pygameExample.py 文件中，位置是 screen.fill 的下面，pygame.display.update() 之前：

```
sidekick = pygame.Rect(100,100, 200, 200)
sophie = pygame.image.load('SophieTheBullDog.jpg')
thumbnail_sophie = pygame.transform.scale(sophie, (200,200))
screen.blit(thumbnail_sophie, sidekick)
```

我将在解释完这部分后发布完整的更新后的代码，以便你可以将你的代码和我的进行对比。

我们要做的第一件事是创建一个画布，并将图片贴（或者说绘制）在上面。使用这行代码来实现这一点：`sidekick = pygame.Rect(100, 100, 200, 200)`。

这行代码创建了一个矩形窗口，它位于屏幕的 100 * 100 的 XY 坐标处，大小为 200 × 200 像素（高度和宽度）。

XY 坐标与物体出现在屏幕上的位置有关。我们在 pygame 中创建的画布是由像素组成的，每个像素都位于与 XY 坐标位置相关的网格上。窗口的左上角位于 XY 坐标的 (0, 0) 位置，因此，当我们在位置 (100,100) 处绘制矩形时，实际上是在横坐标第 100 个像素处，再向下走 100 个像素就是它的位置。

如果这一点令人困惑，不要太担心，当你在几分钟后运行了这个程序，它就变得非常好理解了。

下一行代码是：

```
sophie = pygame.image.load('SophieTheBullDog.jpg')
```

将名为 `'SophieTheBullDog.jpg'` 的图片存储在变量 `sophie` 中。同样，你的图片名称会和我的不同，所以只需将我的图片名称替换为你的即可。

因为我的图片 `'SophieTheBullDog.jpg'` 非常大——它的尺寸是 1400 × 1400——在游戏窗口中以当前的尺寸显示太大了——更不用说在我们为它创建的矩形画布中了。因此，我们需要缩小它的尺寸。

使用 `.transform.scale()` 来实现这一点，它可以将图片缩放到指定的大小。

代码如下：

```
thumbnail_sophie = pygame.transform.scale(sophie, (200,200))
```

将图片缩小到 200 × 200 像素，这与我们创建的矩形画布 `sidekick` 对象的大小完全相同。如果我们把它缩放到比画布更大的尺寸，我们就看不全图片，所以一定要确保图片的尺寸或大小与你创建的用于显示它的画布相匹配。

最后一步是实际绘制（或者说贴）。记住！我们要把调整大小后的图片放在 `sidekick` 对象的矩形画布中。为此，我们键入：

```
screen.blit(thumbnail_sophie, sidekick)
```

圆括号 () 中的第一个参数是要绘制的对象名，第二个参数是矩形画布对象（包括其位置），我们希望将图片快速加载到该对象上。

下面是最终代码的样子，修改你的代码，使它看起来像我的这样，确保一定要修改图片的名字，不论它叫什么。另外，一定要将你的图片移动到与pygameExample.py文件相同的文件夹中，否则它将不起作用：

```
import pygame
from pygame.locals import *
import sys

# 创建一个元组存放 RGB（红、绿、蓝）的值
# 这样我们之后可以把屏幕涂成蓝色
colorBLUE = (0, 0, 255)

# 初始化 pygame 模块，以便我们之后使用它们
pygame.init()

# 创建游戏画面，并设置大小为 800×600 像素
screen = pygame.display.set_mode((800, 600), 0, 32)

# 为窗口设置一个标题
pygame.display.set_caption("Super Sidekick: Sophie the Bulldog!")

# 在屏幕 / 窗口绘制蓝色的背景
screen.fill(colorBLUE)

# 创建一个画布来接收我们的图片
sidekick = pygame.Rect(100, 100, 200, 200)

# 创建一个用于加载图片的对象
sophie = pygame.image.load('SophieTheBullDog.jpg')

# 调整图片大小使它适合画布
# 我们一会儿把它贴到画布上
thumbnail_sophie = pygame.transform.scale(sophie, (200,200))

# 把图片贴到画布上
screen.blit(thumbnail_sophie, sidekick)

# 把蓝色窗口显示到屏幕上
pygame.display.update()

# 创建一个变量
# 值用来存放游戏是否在运行
running = True

# 创建一个循环让游戏一直运行
# 直到用户决定退出
# 如果用户决定退出，它将会改变 running 变量的值
# False 就是结束游戏

while True:
# 以事件的形式获得玩家反馈
    for event in pygame.event.get():
    # 如果玩家点击红色的 'x'，则视为退出事件
```

```
        if event.type == QUIT:
            pygame.quit()
            sys.exit()
```

保存代码并运行它。你的结果看起来将与我的不同，这是因为我们使用的图片不同，但是结果应该与图 11-3 相似。

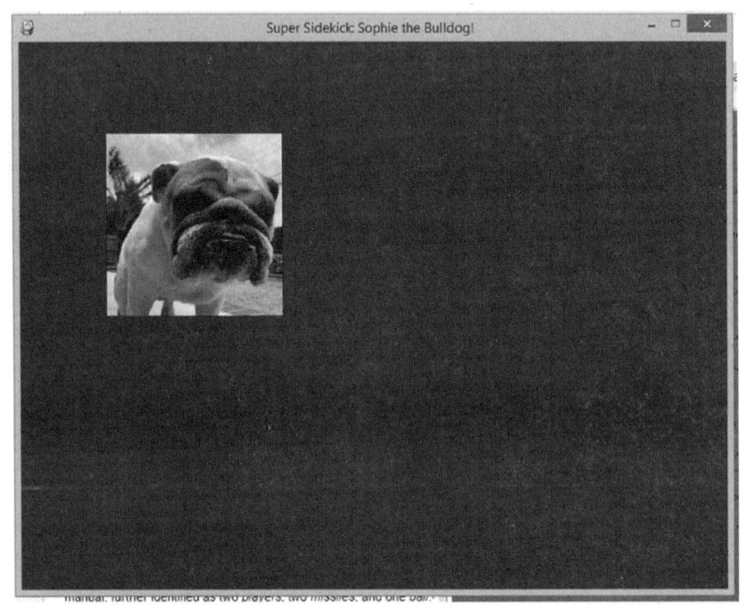

图 11-3 在 pygame 游戏窗口添加图片

在我们继续之前，一定要更改 sidekick 矩形画布的 XY 坐标，以便了解 XY 坐标的工作原理。例如：从

```
sidekick = pygame.Rect(100,100, 200, 200)
```

到

```
sidekick = pygame.Rect(200,200, 200, 200)
```

等。

11.8 向 pygame 游戏窗口添加文本

向我们的游戏中添加图片是件很棒的事，那么文本呢？我们也可以添加文本，这正是我们在本节中要做的。

向 pygame 游戏窗口添加文本与添加图片的过程类似，也就是说，你必须先创建一个画布用来绘制它们。然后，在将文本放入窗口之前，指定该画布将出现在窗口的什么位置。

将以下代码添加到 pygameExample.py 文件中，就在我们所写的 screen.fill(colorBLUE) 代码的下面：

```
# 准备文本字体
myFont = pygame.font.SysFont('None', 40)

# 创建一个文本对象
firstText = myFont.render("Sophie The Bulldog", True, colorRED, colorBLUE)

# 创建一个画布接收我们要写的文本及其位置
firstTextRect = firstText.get_rect()
firstTextRect.left = 100
firstTextRect.top = 75

# 将文本显示到窗口中
screen.blit(firstText, firstTextRect)
```

我们还将为文本定义一个新颜色——colorRED，将这段代码放在你定义的 colorBLUE 的下面：

```
colorRED = (255, 0, 0)
```

在解读完这些最新版本的代码后，我将展示当前正编辑的这些代码供你比较。

首先，我们创建了一个对象来存储字体，我们将在创建后将其应用到文本对象中。我们这样做：

```
myFont = pygame.font.SysFont('None', 40)
```

pygame.font.SysFont() 的参数是 'None' 和 40。第一个参数告诉 pygame 使用什么字体。我们本可以使用 'Arial' 这样的字体名，但我选择了 'None' 是允许 pygame 使用它的系统默认字体。参数 40 告诉 pygame 在呈现（或绘制）文本时使用多大的字号。

接下来，我们实际创建文本对象：

```
firstText = myFont.render("Sophie The Bulldog", True, colorRED, colorBLUE)
```

在本例中，myFont.render() 有四个参数。第一个参数是我们想要在屏幕上打印的文本内容。第二个参数（True）告诉 pygame 你是否希望文本消除锯齿，就是说你想不想让你的文字看起来平滑，Ture 就是平滑，False 就是不平滑。

第三个参数（colorRED）是我们想要的文本颜色，这取决于我们在程序开始时声明的颜色元组。第四个也是最后一个参数是文本的背景颜色。我将它设置为 colorBLUE，这样它就会与我们的窗口颜色相匹配和融合。

接下来，我们定义一个画布，它是一个矩形，我们要把文本对象打印到它上面。然后我们设置画布的位置，就像我们决定图片将出现在哪里一样。

`firstTextRect.left = 100` 告诉 pygame 从屏幕左侧 100 像素处开始绘制矩形画布。`firstTextRect.top = 75` 告诉 pygame 从屏幕顶部向下 75 像素处开始绘制矩形画布。

记住我们之前画的图片与放置文本的位置的关系是很重要的。

例如，你可能还记得，我们的图片位于向下 100 像素和向左 100 像素处。

通过将文本画布设置为距左侧 100 像素处，我们就可以确保它与图片正确对齐。我们将文本的顶部设置为 75，这样它就位于图片的上方了。

最后，我们使用 `screen.blit(firstText, firstTextRect)` 将文本绘制到屏幕上。

下面是运行新代码后的样子——你看到的应该类似于图 11-4。

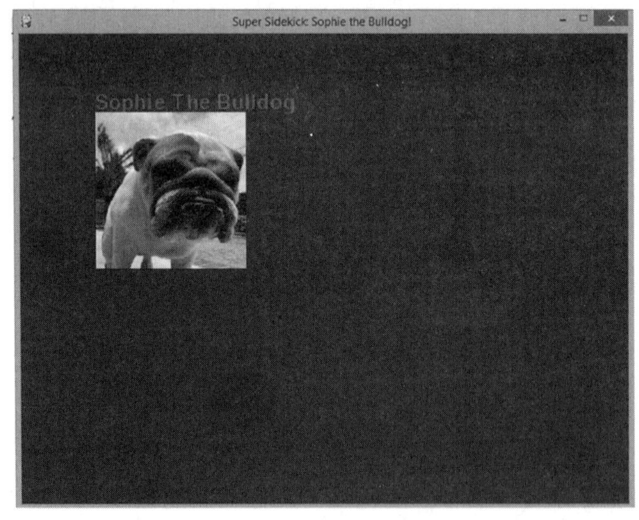

图 11-4 添加文本到 pygame 游戏窗口中

这是添加了图片及文本后的最新版本的代码，确保你的代码与我的匹配：

```
import pygame
from pygame.locals import *
import sys

# 创建一个元组存放 RGB（红、绿、蓝）的值
# 这样我们之后可以把屏幕涂成蓝色
# 文本涂成红色
```

```
colorBLUE = (0, 0, 255)
colorRED = (255, 0, 0)

# 初始化 pygame 模块，以便我们之后使用它们
pygame.init()

# 创建游戏画面，并设置大小为 800×600 像素
screen = pygame.display.set_mode((800, 600), 0, 32)

# 为窗口设置一个标题
pygame.display.set_caption("Super Sidekick: Sophie the Bulldog!")

# 在屏幕 / 窗口绘制蓝色的背景
screen.fill(colorBLUE)

# 准备文本字体
myFont = pygame.font.SysFont('None', 40)

# 创建一个文本对象
firstText = myFont.render("Sophie The Bulldog", True, colorRED, colorBLUE)

# 创建一个画布接收我们要写的文本及其位置
firstTextRect = firstText.get_rect()
firstTextRect.left = 100
firstTextRect.top = 75

# 将文本显示到窗口中
screen.blit(firstText, firstTextRect)

# 创建一个画布来接收我们的图片
sidekick = pygame.Rect(100,100, 200, 200)

# 创建一个用于加载图片的对象
sophie = pygame.image.load('SophieTheBullDog.jpg')

# 调整图片大小使它适合画布
# 我们一会儿把它贴到画布上
thumbnail_sophie = pygame.transform.scale(sophie, (200,200))

# 把图片贴到画布上
screen.blit(thumbnail_sophie, sidekick)

# 把蓝色窗口显示到屏幕上
pygame.display.update()

# 创建一个变量
# 值用来存放游戏是否在运行
running = True

# 创建一个循环让游戏一直运行
# 直到用户决定退出
# 如果用户决定退出，它将会改变 running 变量的值
# False 就是结束游戏
```

```
while True:
# 以事件的形式获得玩家反馈
    for event in pygame.event.get():
        # 如果玩家点击红色的 'x'，则视为退出事件
        if event.type == QUIT:
            pygame.quit()
            sys.exit()
```

11.9 在 pygame 中绘制图形

在 pygame 游戏中，通过插入图片和精灵去添加风景、角色和物品是个好办法，但说到图形，它不是你唯一的选择，也并不总是你最好的选择。你还可以使用一些相当简单的代码来绘制图形做到这一点。

让我们添加更多的颜色到程序中。在我们之前定义的颜色的下面，添加以下代码：

```
colorPINK = (255,200,200)
colorGREEN = (0,255,0)
colorBLACK = (0,0,0)
colorWHITE = (255,255,255)
colorYELLOW = (255,255,0)
```

接下来，我们先画几个图形。我们会画三个圆，它们每个都有独特之处。在 `pygame.display.update()` 行之前添加以下代码到你的文件中：

```
# 画一个圆
pygame.draw.circle(screen, colorRED, (330, 475), 15, 1)
pygame.draw.circle(screen, colorYELLOW, (375, 475), 15, 15)
pygame.draw.circle(screen, colorPINK, (420, 475), 20, 10)
```

`.draw.circle()` 方法有几个参数。第一个是我们要在哪个画布中画圆，在本例中，我们在 screen 上绘制它，这是我们先前创建的程序中用来保存画布对象的变量名称。

下一个参数是颜色，我们传入了变量 `colorRed`。接下来，我们告诉 Python 我们希望圆在什么位置，也就是 XY 坐标——在本例中，也就是圆心所在的位置。

最后两个参数指定了圆的半径（本例中为 `15`）和线条的宽度。

这里有一件有趣的事需要注意，如果在刚创建了第一个圆之后就运行程序，我们将看到一个没有填充颜色的圆。之所以会出现这种情况，是因为我们将最后一个参数（线条宽度）设置为了 `1`。如果想用颜色完全填充整个圆，我们可以让线条宽度等于半径。

举个例子作为对比，我们来画第二个圆，它的半径是 `15`，线条宽度也是 `15`。

最后，我们来画第三个圆，这一次，我们把圆的线条宽度设置为圆半径的一半，这

样我们就能对比了。我预测最后的圆看起来像一个甜甜圈，看我说的对不对。保存程序并运行它，你应该会看到类似于图 11-5 的结果：

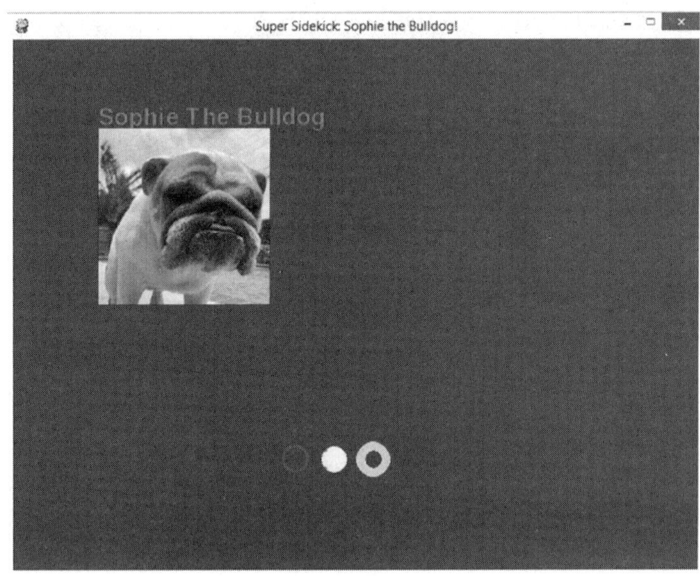

图 11-5　在 pygame 游戏窗口画一些图形

你的结果应该和我的相似。

这里是一些你可以画出的不同图形的例子（暂时先不要把它们添加到你的文件中）：

- 圆：pygame.draw.lines(surface, color, (x,y), radius, thickness)

  例如：

  ```
  pygame.draw.circle(screen, colorYELLOW, (375, 475), 15, 15)
  ```

- 矩形：pygame.draw.rect(surface, color, (x,y,width,height), thickness)

  例如：

  ```
  pygame.draw.rect(screen, colorYELLOW, (455, 470, 20, 20), 4)
  ```

- 线：pygame.draw.line(surface, color, (X,Y 的起始坐标), (X,Y 的结束坐标), thickness)

  例如：

  ```
  pygame.draw.line(screen, colorRED, (300, 500), (500,500),1)
  ```

  继续添加以下代码到你的文件中，就在我们创建圆的代码的下面：

```
pygame.draw.rect(screen, colorYELLOW, (455, 470, 20, 20), 4)
pygame.draw.line(screen, colorRED, (300, 500), (500,500),1)
pygame.draw.line(screen, colorYELLOW, (300, 515), (500,515),1)
pygame.draw.line(screen, colorRED, (300, 530), (500,530),1)
```

如果运行这段代码，你的结果将类似于图 11-6：

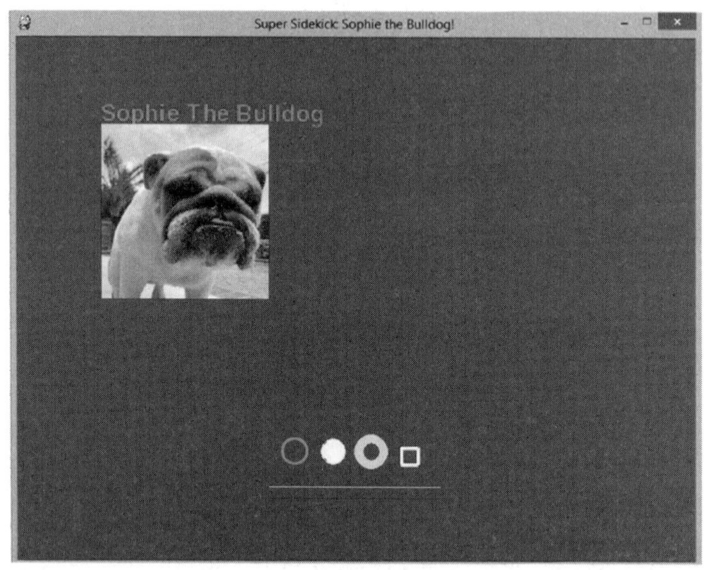

图 11-6 在 pygame 游戏窗口中添加一些线条

11.10 添加更多的事件

如果一款游戏不能给用户响应，那它还有什么意义呢？此外，什么样的程序只允许用户通过点击屏幕右上角的红色“X”来退出呢？——这不够直观，不是吗？

pygame 程序能够响应大量事件。这些事件可以是任何东西，例如单击鼠标、滚动滚轮、按键盘上的箭头，或按标准键盘上的任何键等等。

在离开 pygameExample.py 文件之前，我们要向程序中添加更多的事件，以便更好地了解事件是如何操作的。

如果你一直在跟着做，那么你的 pygameExample.py 中的代码应该和以下内容是匹配的，如果没有，花点时间确保它能匹配：

```
import pygame
from pygame.locals import *
import sys
import random

# 创建一个元组存放 RGB（红、绿、蓝）的值
# 这样我们之后可以把屏幕涂成蓝色
# 文本涂成红色
```

```
colorBLUE = (0, 0, 255)
colorRED = (255, 0, 0)
colorPINK = (255,200,200)
colorGREEN = (0,255,0)
colorBLACK = (0,0,0)
colorWHITE = (255,255,255)
colorYELLOW = (255,255,0)

# 初始化 pygame 模块，以便我们之后使用它们
pygame.init()

# 创建游戏画面，并设置大小为 800×600 像素
screen = pygame.display.set_mode((800, 600), 0, 32)

# 为窗口设置一个标题
pygame.display.set_caption("Super Sidekick: Sophie the Bulldog!")

# 在屏幕 / 窗口绘制蓝色的背景
screen.fill(colorBLUE)

# 准备文本字体
myFont = pygame.font.SysFont('None', 40)

# 创建一个文本对象
firstText = myFont.render("Sophie The Bulldog", True, colorRED, colorBLUE)

# 创建一个画布接收我们要写的文本及其位置
firstTextRect = firstText.get_rect()
firstTextRect.left = 100
firstTextRect.top = 75

# 将文本显示到窗口中
screen.blit(firstText, firstTextRect)

# 创建一个画布来接收我们的图片
sidekick = pygame.Rect(100,100, 200, 200)

# 创建一个用于加载图片的对象
sophie = pygame.image.load('SophieTheBullDog.jpg')

# 调整图片大小使它适合画布
# 我们一会儿把它贴到画布上
thumbnail_sophie = pygame.transform.scale(sophie, (200,200))

# 把图片贴到画布上
screen.blit(thumbnail_sophie, sidekick)

# 画形状

pygame.draw.circle(screen, colorRED, (330, 475), 15, 1)
pygame.draw.circle(screen, colorYELLOW, (375, 475), 15, 15)
pygame.draw.circle(screen, colorPINK, (420, 475), 20, 10)
```

```
pygame.draw.rect(screen, colorYELLOW, (455, 470, 20, 20), 4)
pygame.draw.line(screen, colorRED, (300, 500), (500,500),1)
pygame.draw.line(screen, colorYELLOW, (300, 515), (500,515),1)
pygame.draw.line(screen, colorRED, (300, 530), (500,530),1)

# 把蓝色窗口显示到屏幕上
pygame.display.update()

# 创建一个变量
# 值用来存放游戏是否在运行
running = True

# 创建一个循环让游戏一直运行
#直到用户决定退出
# 如果用户决定退出，它将会改变 running 变量的值
#False 就是结束游戏

while True:
# 以事件的形式获得玩家反馈
    for event in pygame.event.get():
        # 如果玩家点击红色的 'x'，则视为退出事件
        if event.type == QUIT:
            pygame.quit()
            sys.exit()
```

要添加事件的那部分代码是在游戏的主循环中，这部分代码是：

```
# 创建一个变量
# 值用来存放游戏是否在运行
running = True

# 创建一个循环让游戏一直运行
# 直到用户决定退出
# 如果用户决定退出，它将会改变 running 变量的值
# False 就是结束游戏

while True:
# 以事件的形式获得玩家反馈
    for event in pygame.event.get():
        # 如果玩家点击红色的 'x'，则视为退出事件
        if event.type == QUIT:
            pygame.quit()
            sys.exit()
```

游戏循环运行，这是非常简单的。如前所述，它只有一个事件。我们要做的第一件事就是为用户添加另一种退出应用程序的方法，我们将使用两种方法。首先，如果用户按下键盘上的“q”，应用程序就会关闭。其次，如果用户按下 ESC 键，游戏也将关闭。

一旦代码更新，用户将拥有三种方式退出应用程序。

修改游戏循环部分的代码，使其匹配以下内容，注意缩进：

```
# 创建一个变量
# 值用来存放游戏是否在运行
running = True

# 创建一个循环让游戏一直运行
# 直到用户决定退出
# 如果用户决定退出，它将会改变 running 变量的值
# False 就是结束游戏

while True:
# 以事件的形式获得玩家反馈
    for event in pygame.event.get():
        # 如果玩家点击红色的 'x'，则视为退出事件
        if event.type == QUIT:
            pygame.quit()
            sys.exit()
        if event.type == pygame.KEYDOWN:
            if event.key == pygame.K_q:
                pygame.quit()
                sys.exit()
        if event.type == pygame.KEYDOWN:
            if event.key == pygame.K_ESCAPE:
                pygame.quit()
                sys.exit()
```

保存代码并多次运行程序，分别按下 'q'、点击红色 'X'、按下 ESC 键，以确保每种退出方式都可以奏效。

注意，在我们的新代码中，有两个新的事件类型。第一个是 pygame.KEYDOWN，当我们等待（监听）用户按下键盘某一按键时使用。

在 pygame.KEYDOWN 下面缩进的事件类型是 event.key，它定义了程序正在监听的某个确切按键。键盘上的大多数字母和数字都是通过输入 pygame.K_ 后面的字母或数字来定义的。

例如，要监听 'a'，你可以用：

```
if event.type == pygame.KEYDOWN:
       if event.key == pygame.K_a:
            do something...
```

你可以通过访问 www.pygame.org/docs/ref/key.html 来查看完整的键盘常量列表。此外，以下是一些你可以监听的较常见的键盘常量清单：

- 上箭头：K_UP

- ❑ 下箭头：K_DOWN
- ❑ 右箭头：K_RIGHT
- ❑ 左箭头：K_LEFT
- ❑ 空格键：K_SPACE
- ❑ 回车键：K_RETURN
- ❑ 数字：K_0、K_1、K_2……
- ❑ 字母：K_a、K_b、K_c、K_d……

在继续下一节之前，让我们在 pygameExample.py 文件中添加更多内容，来监听一下另一个事件——键盘字符“b”。当用户按下此键时，程序将向屏幕输出一些文本。

为了实现这一点，让我们添加以下内容到游戏循环中，就在最后一个 if 代码块的下面：

```
if event.type == pygame.KEYDOWN:
            if event.key == pygame.K_b:
                barkText = myFont.render("Bark!", True, colorRED, colorBLUE)
                barkTextRect = barkText.get_rect()
                barkTextRect.left = 300
                barkTextRect.top = 175
                screen.blit(barkText, barkTextRect)
                pygame.display.update()
```

现在，你应该对这段代码的功能非常了解了。如果没有，也没关系，一步一步慢慢来。

首先，我们监听 KEYDOWN 事件类型——即某人按下他们键盘上的某个按键。接下来，我们告诉 pygame 在监听哪个键：

```
if event.key == pygame.K_b:
```

这一行表示我们正在监听要按下的 'b' 键。一定要注意 KEYDOWN 事件和 KEYUP 事件之间的区别。如前所述，当用户在其键盘上按下指定的键时，将发生 KEYDOWN 事件，当释放该按键时，将发生一个 KEYUP 事件。如果没有监听 KEYUP 事件，那么如果用户释放了按键，就不会发生任何事情。

接下来，我们定义如果用户按下 'b' 键会发生什么。对于初学者，创建一个名为 barkText 的文本对象。我们设置文本对象的参数——文本内容是什么，它是否抗锯齿，文本的颜色，以及文本的背景颜色。

接下来，在这一行中：

```
barkTextRect = barkText.get_rect()
```

我们定义文本将要添加到的画布，用下列代码表示画布的位置：

```
barkTextRect.left = 300
barkTextRect.top = 175
```

最后，我们将文本对象及其所在的画布显示在屏幕上，同时更新以显示新创建的文本。

如果你保存这段代码并运行它，将得到类似于图 11-7 的结果，只要在应用程序加载后按下 'b' 键：

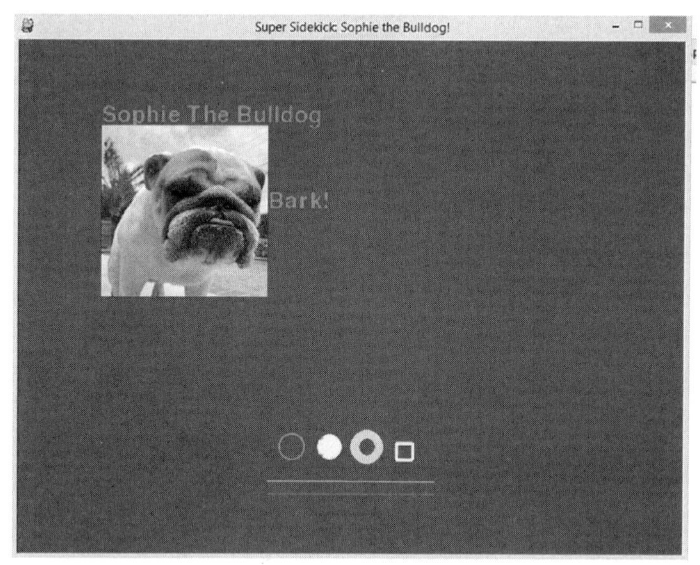

图 11-7 让“斗牛犬苏菲”叫

没错——斗牛犬苏菲叫了起来！显然她不喜欢我们之前画的那些讨厌的圆、长方形和线条！

因为按键 'b' 事件中的“bark”文本已经放置在我们的游戏循环中了。从技术上来说，每次你按下 'b'，文本都会重新加载到屏幕上。但你无法看到这种重现加载的过程，因为新替换的“bark”会立即出现，并且大小、形状和颜色都相同。

有许多方法可以使文本在用户每次按下 'b' 键时显示。其中最简单的一种就是使用错觉——这无疑是狡猾的数学魔术师引以为傲的东西！

为了实现这个错觉，我们将添加另一个按键事件。键仍然是 'b'，但是我们将添加一个 KEYUP 事件，而不再是一个 KEYDOWN 事件。

下一部分代码的效果很简单：一旦用户放开 'b' 按钮，“bark!”将会消失。

事实上，我们只是简单地改变了“bark!”这个词的颜色。让它变得和背景颜色一样，看起来好像消失了，但实际上，它只是隐藏在了背景中。

当用户再次按下 'b' 键时，颜色将再次变为红色并再次可见。这个循环将在每次用户按下 'b' 时继续，直到他们退出应用程序为止。

将这段代码添加到定义最后一个 KEYDOWN 事件的下方，保存它，然后运行程序。

一定要按 b 键很多次，直到你看厌了苏菲叫。

注意：确保缩进正确，以使第一个 if 语句与前一个 if 语句对齐。

```
if event.type == pygame.KEYUP:
    if event.key == pygame.K_b:
        barkText = myFont.render("Bark!", True, colorBLUE, colorBLUE)
        barkTextRect = barkText.get_rect()
        barkTextRect.left = 300
        barkTextRect.top = 175
        screen.blit(barkText, barkTextRect)
        pygame.display.update()
```

如果你的代码运行不了，花些时间对照下面的代码吧！下面是 pygameExample.py 最新版本的完整代码：

```
import pygame
from pygame.locals import *
import sys
import random

# 创建一个元组存放 RGB（红、绿、蓝）的值
# 这样我们之后可以把屏幕涂成蓝色
# 文本涂成红色
colorBLUE = (0, 0, 255)
colorRED = (255, 0, 0)
colorPINK = (255,200,200)
colorGREEN = (0,255,0)
colorBLACK = (0,0,0)
colorWHITE = (255,255,255)
colorYELLOW = (255,255,0)

# 初始化 pygame 模块，以便我们之后使用它们
pygame.init()

# 创建游戏画面，并设置大小为 800×600 像素
screen = pygame.display.set_mode((800, 600), 0, 32)

# 为窗口设置一个标题
pygame.display.set_caption("Super Sidekick: Sophie the Bulldog!")

# 在屏幕 / 窗口绘制蓝色的背景
screen.fill(colorBLUE)

# 准备文本字体
myFont = pygame.font.SysFont('None', 40)

# 创建一个文本对象
firstText = myFont.render("Sophie The Bulldog", True, colorRED, colorBLUE)
```

```
# 创建一个画布接收我们要写的文本及其位置
firstTextRect = firstText.get_rect()
firstTextRect.left = 100
firstTextRect.top = 75

# 将文本显示到窗口中
screen.blit(firstText, firstTextRect)

# 创建一个画布来接收我们的图片
sidekick = pygame.Rect(100,100, 200, 200)

# 创建一个用于加载图片的对象
sophie = pygame.image.load('SophieTheBullDog.jpg')

# 调整图片大小使它适合画布
# 我们一会儿把它贴到画布上
thumbnail_sophie = pygame.transform.scale(sophie, (200,200))

# 把图片贴到画布上
screen.blit(thumbnail_sophie, sidekick)

# 画形状

pygame.draw.circle(screen, colorRED, (330, 475), 15, 1)
pygame.draw.circle(screen, colorYELLOW, (375, 475), 15, 15)
pygame.draw.circle(screen, colorPINK, (420, 475), 20, 10)
pygame.draw.rect(screen, colorYELLOW, (455, 470, 20, 20), 4)
pygame.draw.line(screen, colorRED, (300, 500), (500,500),1)
pygame.draw.line(screen, colorYELLOW, (300, 515), (500,515),1)
pygame.draw.line(screen, colorRED, (300, 530), (500,530),1)

# 把蓝色窗口显示到屏幕上
pygame.display.update()

# 创建一个变量
# 值用来存放游戏是否在运行
running = True

# 创建一个循环让游戏一直运行
# 直到用户决定退出
# 如果用户决定退出，它将会改变 running 变量的值
# False 就是结束游戏
while True:
# 以事件的形式获得玩家反馈
    for event in pygame.event.get():
        # 如果玩家点击红色的 'x'，则视为退出事件
        if event.type == QUIT:
            pygame.quit()
            sys.exit()
```

```
if event.type == pygame.KEYDOWN:
    if event.key == pygame.K_q:
        pygame.quit()
        sys.exit()
if event.type == pygame.KEYDOWN:
    if event.key == pygame.K_ESCAPE:
        pygame.quit()
        sys.exit()
if event.type == pygame.KEYDOWN:
    if event.key == pygame.K_b:
        barkText = myFont.render("Bark!", True, colorRED, colorBLUE)
        barkTextRect = barkText.get_rect()
        barkTextRect.left = 300
        barkTextRect.top = 175
        screen.blit(barkText, barkTextRect)
        pygame.display.update()
if event.type == pygame.KEYUP:
    if event.key == pygame.K_b:
        barkText = myFont.render("Bark!", True, colorBLUE, colorBLUE)
        barkTextRect = barkText.get_rect()
        barkTextRect.left = 300
        barkTextRect.top = 175
        screen.blit(barkText, barkTextRect)
        pygame.display.update()
```

11.11　本章小结

哇，多么令人兴奋、多么令人惊喜的一章啊！如果你为了通过这章只是有些轻微的磕碰（因为你的头轻轻地撞在桌子上了），那么很不错了！本章涉及的主题可能是最难掌握的，它就像类与对象一样复杂，并且可能是你在 Python 中遇到的最具挑战性的事情之一。

干得漂亮！

但是不要满足于你的成就。下一章我们将继续讨论 pygame，并深入到创建游戏的两个更困难但更强大且更有价值的层面：动画和碰撞检测。如果你想成为一名游戏开发者或想挑战编程，你绝不要错过下一章！

由于这一章和下一章合起来是一个宽泛的主题，我们将跳过本章小结，因为仅单独总结本章要点会失去整体感。

另外，你应该练习本章学到的技能和下一章将要学到的技能，并根据需要经常复习。

和往常一样，尝试，再尝试。

这就是掌握游戏开发的精髓！

第 12 章 Chapter 12

动画游戏

我看到你回来要寻求更多的挑战——你真了不起！要我说的话，最后一章非常激动人心。你不仅可以学到一些核心的游戏开发理论和实践，还可以编写一些代码！

第 11 章中，我们学习了绘制图形并将图片插入到游戏中，还学习了游戏循环和创建事件以允许用户与我们的游戏进行交互。

接下来，我们将学习游戏开发的另外两个重要方面。第一个是动画，也就是让对象在屏幕上动起来。第二个称为碰撞检测，它发生在当两个或多个对象接触时，或者当一个对象接触到游戏窗口的边界时。

12.1 在 pygame 中创建动画

在学习游戏设计的一些核心概念，以及如何使用 pygame 模块在 Python 中创建自己的游戏方面，我们已经取得了很大的进步。到目前为止，我们已经学习了如何创建背景、添加图片或者精灵、插入文本以及监听（包括更重要的响应）事件，比如按键监听。

制作一款可视化的 2D 游戏的真正关键在于动画，这是我们将要讨论的内容。和 Python 的所有东西一样，在 pygame 中有很多实现动画的方法，但由于这是一本面向 Python 初学者的书，我们将只讨论最简单的方法。

上一个应用程序 pygameExample.py 已经是一个相当大的文件了。为了避免混淆并节省一些空间，我们创建一个名为 pygameAnimations.py 的全新文件。

我们将会重用 pygameExample.py 中的一些代码，所以如果有些代码看起来熟悉也很正常。记住：我们会经常适当地重用代码。特别是，一些颜色变量和模块导入 / 初始化部分。

我们将对游戏结构以及游戏循环做一些改变。由于动画用起来会复杂一些，所以我想将文件写得简洁明了，以便最好地解释工作原理。除此之外，动画的画法与静态图片和文本相比往往也不同。

在 pygameAnimation.py 文件中添加以下代码来设置框架：

```
# 导入模块
import pygame
from pygame.locals import *
import sys
import random

# 初始化 pygame 模块
pygame.init()

# 创建颜色元组
colorWHITE = (255,255,255)
colorBLACK = (0,0,0)
colorRED = (255,0,0)

# 创建我们的主游戏窗口——上次我们将其命名为 screen（屏幕）
# 这次换一个不同的名字
gameWindow = pygame.display.set_mode((800,600))

# 设置动画的标题
pygame.display.set_caption('Box Animator 5000')
```

由于这段代码我们已经在之前的应用程序中编写了一遍，因此没有必要再重复编写。只需知道，它是创建屏幕、为图片和文本定义颜色以及导入和初始化模块的基本代码。我们还将窗口的标题改成了“Box Animator 5000”。

接下来，我们要再创建几个变量：

```
gameQuit = False

move_x = 300
move_y = 300
```

第一个变量 gameQuit 将存储游戏循环的检查值，以查看程序是否应该结束。只要 gameQuit 不等于 True，游戏就将继续；一旦其值更改为 True，游戏就将结束。

接下来的两个变量 move_x 和 move_y 用于设置要绘制的矩形对象的初始位置。之所以将这些值放在一个变量中，而不是直接在矩形的参数中定义它们，是因为我们稍后将在应用程序中更改对象的 XY 坐标值。

move_x 表示对象的 X 坐标，而 move_y 则表示对象的 Y 坐标。

接下来将是我们动画游戏的游戏循环。我们增加了一些新的事件，这些事件我们将会进行详细的讨论。在代码中添加以下内容：

```
# 游戏循环
while not gameQuit:
    for event in pygame.event.get():
        if event.type == pygame.QUIT:
            gameQuit = True
            pygame.quit()
            sys.exit()
        # 如果玩家按 'q'，则视为退出事件
        if event.type == pygame.KEYDOWN:
            if event.key == pygame.K_q:
                pygame.quit()
                sys.exit()
        # 如果玩家按下 'ESC'，则视为退出事件
        if event.type == pygame.KEYDOWN:
            if event.key == pygame.K_ESCAPE:
                pygame.quit()
                sys.exit()
        # 如果按下左方向键，则将对象向左移动
        if event.type == pygame.KEYDOWN:
            if event.key == pygame.K_LEFT:
                move_x -= 10
        # 如果按下右方向键，则将对象向右移动
            if event.key == pygame.K_RIGHT:
                move_x += 10
        # 如果按上方向键，则将对象向上移动
        if event.type == pygame.KEYDOWN:
            if event.key == pygame.K_UP:
                move_y -=10
        # 如果按下方向键，则将对象向下移动
            if event.key == pygame.K_DOWN:
                move_y +=10
```

这个游戏循环的大部分方法都是我们熟悉的。有几个事件覆盖了用户退出的方式——用户可以按 ESC 或 'q'，或者单击红色的 'X'。

然后，我们为左、右、上、下方向键创建按键事件。如果按下这些按钮中的任何一个，将发生下列情况：

- 如果按下左方向键，move_x 的值将减少 10，对象向左移动 10 个像素。
- 如果按下右方向键，move_x 的值将增加 10，对象向右移动 10 个像素。
- 如果按下上方向键，move_y 的值将减少 10，对象向上移动 10 个像素。

❑ 如果按下下方向键，move_y 的值将增加 10，对象向下移动 10 个像素。

现在我们的游戏循环和事件已经就绪，剩下的最后一件事就是创建窗口，用颜色填充它，绘制图形，并更新显示：

```
# 用白色填充游戏窗口
gameWindow.fill(colorWHITE)

# 绘制一个黑色矩形对象
pygame.draw.rect(gameWindow, colorBLACK, [move_x,move_y,50,50])

# 更新我们的屏幕
pygame.display.update()
```

这就是我们的第一个动画游戏！运行程序并测试它，确保按下了每个方向键，然后再运行几次来测试每个“退出”事件。

你的屏幕应该类似于图 12-1：

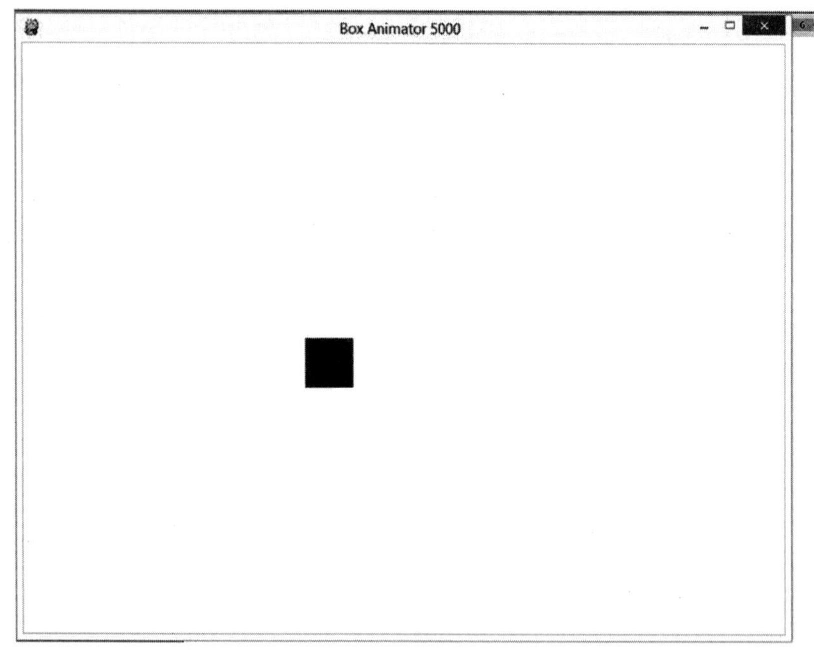

图 12-1　测试退出事件

很酷吧？这种动画逻辑可以应用于各种游戏。例如，你可以做一个赛车游戏，赛车在赛道上移动；你还可以做一款格斗游戏，角色在场地中移动等等。

当然，现在我们的游戏还很无聊，但我们要学习的主要概念是在窗口中移动一个物体。

这段代码很简洁，但它缺少一些东西。你可能注意到了一件事，无论朝哪个方向，如果你把盒子移动的太远，它就会离开屏幕，最终消失。从技术上讲，只要你将它朝相反的方向移动，它就会回来，但你可以看到它会给我们的游戏带来的问题。

有几种方法可以解决这个问题，我们将在下一节中讨论。现在，让我们再增加一种移动矩形的方式——随机传送！就像一种空间移动超能力！

在其他事件的底部添加以下代码：

```
# 如果按下 't'，则随机传送对象
if event.type == pygame.KEYDOWN:
    if event.key == pygame.K_t:
        move_y = int(random.randint(1,600))
        move_x = int(random.randint(1,600))
```

敏锐的观察者可能已经注意到，我们在程序开始时导入了 random 模块，这是为什么呢？因为我们希望在用户按下 `'t'` 时随机生成矩形对象的 XY 坐标。为此，我们使用 `random.randint()`，正如前一个示例所示。我们为它提供了 `1` 到 `600` 像素的范围，以确保它永远不会从屏幕上完全消失。

到目前为止，你的代码应该是下面这样的，如果不是，或者你的代码不起作用，请参照以下代码并确保缩进正确：

```
# 导入模块
import pygame
from pygame.locals import *
import sys
import random

# 初始化 pygame 模块
pygame.init()

# 创建颜色元组
colorWHITE = (255,255,255)
colorBLACK = (0,0,0)
colorRED = (255,0,0)

# 创建我们的主游戏窗口——上次我们将其命名为 screen（屏幕）
# 这次换一个不同的名字
gameWindow = pygame.display.set_mode((800,600))

# 设置动画的标题
pygame.display.set_caption('Box Animator 5000')

gameQuit = False

move_x = 300
move_y = 300
```

```
# 游戏循环
while not gameQuit:
    for event in pygame.event.get():
        if event.type == pygame.QUIT:
            gameQuit = True
            pygame.qui()
            sys.exit()
        # 如果玩家按 'q'，则视为退出事件
        if event.type == pygame.KEYDOWN:
            if event.key == pygame.K_q:
                pygame.quit()
                sys.exit()
        # 如果玩家按下 'ESC'，则视为退出事件
        if event.type == pygame.KEYDOWN:
            if event.key == pygame.K_ESCAPE:
                pygame.quit()
                sys.exit()
        # 如果按下左方向键，则将对象向左移动
        if event.type == pygame.KEYDOWN:
            if event.key == pygame.K_LEFT:
                move_x -= 10
        # 如果按下右方向键，则将对象向右移动
            if event.key == pygame.K_RIGHT:
                move_x += 10
        # 如果按上方向键，则将对象向上移动
        if event.type == pygame.KEYDOWN:
            if event.key == pygame.K_UP:
                move_y -=10
        # 如果按下方向键，则将对象向下移动
            if event.key == pygame.K_DOWN:
                move_y +=10

        # 如果按下 't'，则随机传送对象
        if event.type == pygame.KEYDOWN:
            if event.key == pygame.K_t:
                move_y = int(random.randint(1,600))
                move_x = int(random.randint(1,600))

    # 用白色填充游戏窗口
    gameWindow.fill(colorWHITE)

    # 绘制一个黑色矩形对象
    pygame.draw.rect(gameWindow, colorBLACK, [move_x,move_y,50,50])

    # 更新我们的屏幕
    pygame.display.update()
```

运行代码并进行传送，直到你的大脑爆炸！

12.2 碰撞检测：碰壁反弹

当我们在游戏中创建多个对象时，不可避免地会遇到处理对象之间相互接触时的行为问题。例如，如果我们有两个矩形动画移动到窗口的中心，在某个点上，它们的路径将会相交。

有的时候，忽略碰撞可能是最好的选择。但我们更希望让我们的对象检测到这种碰撞，并以某种方式做出反应。

碰撞检测是编程中的艺术，它让对象“意识到”它们与另一个对象接触到了，然后做出适当的反应。一些情况下，我们可能希望我们的对象只是停止朝那个方向的移动。另外一些情况下，我们可能希望它们反弹几步，就好像它们跑进了一个强大的力场。

碰撞也可能因为其他原因发生。例如，你创建了一个迷宫，角色必须从迷宫中通过。如果我们不设置碰撞检测，角色可能会直接穿过墙壁和门。

事实上，即使屏幕上没有墙、门或任何其他对象，设置碰撞检测也是一个好的选择。为什么呢？当我们制作矩形动画时，很容易发生一种情况：我们创建的能够移动的对象可以移动出我们定义的屏幕的边界。

虽然窗口本身并没有一个真实的墙壁边界，但它们确实是有边界的。窗口的高度和宽度就是边界。例如，假设我们有一个 800 × 600 像素的窗口。我们可以沿着窗口的边、顶和底设置应用程序的边界，使对象在越过边界时反弹。

最后，我们需要注意的另一种碰撞形式是故意碰撞。想象一个你向敌人发射子弹的游戏。每次这些子弹击中目标（或者碰撞）时，我们都会希望它们做一些事情，比如造成伤害、得分或者触发某种反应。

简单来说，当两个或两个以上的物体相互接触时，不管是否有意，都会发生碰撞。

12.3 碰撞检测：窗口边界检测

当创建 pygame 应用程序时，我们需要记住窗口的边界。在大多数情况下，我们希望对象保持在窗口或游戏屏幕的宽度和高度之内。虽然有时情况并非如此，但就我们的目的而言，我们将专注于如何确保对象在玩家的视野之内。

在下一段代码中，我们将检查以确保我们的矩形对象不会超出窗口的宽度或高度。要做到这一点，我们就必须检查矩形在窗口上移动时的位置，并让程序在矩形触及边界时做出响应。

为了实现这一点，我们将使用一系列 if 语句，这些语句将放在游戏循环和事件监听器的下面，并在我们编写的 gameWindow.fill(colorWHITE) 语句之前。

添加如下代码，确保缩进正确：

```
# 检查是否与屏幕右端相撞
      if move_x > 750:
          move_x -= 50
          pygame.display.set_caption('Right Collision')
      if move_x < 1:
          move_x += 50
# 检查是否与屏幕左端相撞
    pygame.display.set_caption('Left Collision')
# 检查是否与屏幕底部相撞
if move_y > 550:
    move_y -= 50
    pygame.display.set_caption('Bottom Collision')
# 检查是否与屏幕顶部相撞
if move_y < 1:
    move_y += 50
    pygame.display.set_caption('Top Collision')
```

如此少的代码却做了很多的工作。我们来看看这些。

我们的第一个 if 语句是说如果矩形对象位于 750 像素或更大的位置，那么将矩形对象反向移动 50 像素，以创造一个反弹效果。这是通过从变量 move_x 中减去 50(-=50) 来实现的，变量 move_x 表示矩形对象的 X 坐标。

你可能已经注意到了，我们没有让程序检查对象是否位于 X 坐标上大于 800 像素的位置。你可能会问为什么？很简单：我们必须时刻记住检测碰撞对象的大小。我们必须从最大坐标值中减去它的大小（在本例中是 50）。因此，如果矩形是 50 像素，而屏幕是 800 像素宽，为了允许矩形接触边界而不超过它，必须检查 X 坐标是否大于 750。

代码的下一部分将再次处理 X 坐标。这次，我们要检查的是是否与屏幕左侧发生碰撞。这里，我们要检查小于 1 的值（请记住：屏幕左侧的边界位于 X 坐标 0 处）。再一次，如果碰到了这面“墙”，矩形就会反方向反弹 50 像素。

对于 Y 坐标，我们也继续这种逻辑，检查窗口的顶部和底部碰撞。同样，如果检测到碰撞，矩形将向相反的方向反弹 50 像素，这一次是相应地向上或向下反弹。

最后，只是为了给程序增加一些区别点：如果发生检测，每个 if 检查部分还会更改窗口的标题，以提示你碰撞发生的方向——向上、向下、向左或向右。

就是这样了——我们的第一个碰撞检测功能！

继续保存程序并对其进行测试，确保碰撞每一面“墙壁”程序都能正常运行。如果没有，请参照以下完整程序代码：

```
# 导入模块
import pygame
from pygame.locals import *
import sys
import random

# 初始化 pygame 模块
pygame.init()

# 创建颜色元组
colorWHITE = (255,255,255)
colorBLACK = (0,0,0)
colorRED = (255,0,0)

# 创建我们的主游戏窗口——上次我们将其命名为 screen（屏幕）
# 这次换一个不同的名字
gameWindow = pygame.display.set_mode((800,600))

# 设置动画的标题
pygame.display.set_caption('Box Animator 5000')

gameQuit = False

move_x = 300
move_y = 300

# 游戏循环
while not gameQuit:
    for event in pygame.event.get():
        if event.type == pygame.QUIT:
            gameQuit = True
            pygame.qui()
            sys.exit()
        # 如果玩家按 'q'，则视为退出事件
        if event.type == pygame.KEYDOWN:

            if event.key == pygame.K_q:
                pygame.quit()
                sys.exit()
        # 如果玩家按下 'ESC'，则视为退出事件
        if event.type == pygame.KEYDOWN:
            if event.key == pygame.K_ESCAPE:
                pygame.quit()
                sys.exit()
        # 如果按下左方向键，则将对象向左移动
        if event.type == pygame.KEYDOWN:
            if event.key == pygame.K_LEFT:
                move_x -= 10
```

```
    # 如果按下右方向键，则将对象向右移动
        if event.key == pygame.K_RIGHT:
            move_x += 10
    # 如果按上方向键，则将对象向上移动
    if event.type == pygame.KEYDOWN:
        if event.key == pygame.K_UP:
            move_y -=10
    # 如果按下方向键，则将对象向下移动
        if event.key == pygame.K_DOWN:
            move_y +=10
    # 如果按下 't'，则随机传送对象
    if event.type == pygame.KEYDOWN:
        if event.key == pygame.K_t:
            move_y = int(random.randint(1,600))
            move_x = int(random.randint(1,600))

    # 检查是否与屏幕右端相撞
    if move_x > 750:
        move_x -= 50
        pygame.display.set_caption('Right Collision')
    if move_x < 1:
        move_x += 50
    # 检查是否与屏幕左端相撞
        pygame.display.set_caption('Left Collision')

    # 检查是否与屏幕底部相撞
    if move_y > 550:
        move_y -= 50
        pygame.display.set_caption('Bottom Collision')
    # 检查是否与屏幕顶部相撞
    if move_y < 1:
        move_y += 50
        pygame.display.set_caption('Top Collision')

# 用白色填充游戏窗口
gameWindow.fill(colorWHITE)

# 绘制一个黑色矩形对象
pygame.draw.rect(gameWindow, colorBLACK, [move_x,move_y,50,50])

# 更新我们的屏幕
pygame.display.update()
```

12.4 两个物体碰撞

现在我们已经建立了边界检测功能，我们可以继续进行另一种重要的碰撞检测——

检测两个物体之间的碰撞。如前所述，检查多个对象之间的碰撞有很多原因，除了观察两个角色是否接触或者武器是否击中目标之外，碰撞检测还有助于确定物体在其所能感知到的空间中的位置。

例如，如果你有一款游戏，其中的角色必须要跳到物体上——就像你在平台游戏[⊖]中所做的那样——你的游戏怎么知道这个角色是站在一片草地上还是站在一个盒子上呢？你可以使用碰撞检测来达到这个目的。

在下一个示例中，我们将创建一个名为 objectCollisionExample.py 的全新 Python 文件。我们将从 pygameAnimations.py 程序中借用一些代码。我不带您浏览每一段代码，而是从粘贴整个程序开始，然后逐步介绍我们对旧代码所做的新增和修改。

花点时间创建你的新文件，并将以下代码复制到其中。在我解释之前，请务必阅读这些注释，看看你是否能弄清楚程序的目的和工作原理。和以前一样，请确保代码缩进正确，否则将收到错误信息：

```
# 导入模块
import pygame
from pygame.locals import *
import sys

# 初始化 pygame 模块
pygame.init()

# 创建颜色元组
colorWHITE = (255,255,255)
colorBLACK = (0,0,0)
colorRED = (255,0,0)

# 创建我们的主游戏窗口——上次我们将其命名为 screen（屏幕）
# 这次换一个不同的名字
gameWindow = pygame.display.set_mode((800,600))

# 设置动画的标题
pygame.display.set_caption('Colliding Objects')

gameQuit = False


# 创建两个变量来存储精灵矩形对象
rect1 = pygame.sprite.Sprite()
rect1.rect = pygame.Rect(300,300,50,50)

rect2 = pygame.sprite.Sprite()
rect2.rect = pygame.Rect(100,100, 100,150)

# 游戏循环
```

⊖ 一种移动屏幕上的人物通过一系列障碍物的电脑游戏。——译者注

```
while not gameQuit:
    for event in pygame.event.get():
        if event.type == pygame.QUIT:
            gameQuit = True
            pygame.quit()
            sys.exit()
        # 如果玩家按 'q'，则视为退出事件
        if event.type == pygame.KEYDOWN:
            if event.key == pygame.K_q:
                pygame.quit()
                sys.exit()
        # 如果玩家按下 'ESC'，则视为退出事件
        if event.type == pygame.KEYDOWN:
            if event.key == pygame.K_ESCAPE:
                pygame.quit()
                sys.exit()
        # 如果按下左方向键，则将对象向左移动
        if event.type == pygame.KEYDOWN:
            if event.key == pygame.K_LEFT:
                rect1.rect.x = rect1.rect.x - 10
        # 如果按下右方向键，则将对象向右移动
            if event.key == pygame.K_RIGHT:
                rect1.rect.x = rect1.rect.x +10
        # 如果按上方向键，则将对象向上移动
        if event.type == pygame.KEYDOWN:
            if event.key == pygame.K_UP:
                rect1.rect.y = rect1.rect.y -10
        # 如果按下方向键，则将对象向下移动
            if event.key == pygame.K_DOWN:
                rect1.rect.y = rect1.rect.y +10

        # 检查两个矩形对象之间的碰撞
        # 使用 collide_rect
        # 如果检测到碰撞，则重新定位 rect1
        # 通过改变它的 y 和 x 坐标
        if pygame.sprite.collide_rect(rect1, rect2):
            rect1.rect.y = 400
            rect1.rect.x = 400

        # 检查是否与屏幕右端相撞
        # 如果发生右侧碰撞，则将 rect1 移回到 X 坐标为 740 的位置
        if rect1.rect.x > 750:
            rect1.rect.x = 740
            pygame.display.set_caption('Right Collision')
        if rect1.rect.x < 1:
            rect1.rect.x = 51
```

```
        # 检查是否与屏幕左端相撞
            pygame.display.set_caption('Left Collision')
        # 检查是否与屏幕底部相撞
        if rect1.rect.y > 550:
            rect1.rect.y = 540
            pygame.display.set_caption('Bottom Collision')
        # 检查是否与屏幕顶部相撞
        if rect1.rect.y < 1:
            rect1.rect.y = 50
            pygame.display.set_caption('Top Collision')
    # 用白色填充游戏窗口
    gameWindow.fill(colorWHITE)

    # 绘制矩形对象
    pygame.draw.rect(gameWindow, colorBLACK, rect1)
    pygame.draw.rect(gameWindow, colorRED, rect2)

    # 更新我们的屏幕
    pygame.display.update()
```

这段代码大多都与前面的程序相似。我们创建了一个矩形对象（这次是插入了一个精灵），将使用方向键在窗口中移动它。如果矩形接触到窗口的任何边缘或边界，该矩形将从“墙壁”上反弹几个像素。

除此之外，我们还创建了第二个矩形对象 `rect2`，它是静态的，不会在窗口中移动。我们还设置了代码来检查 `rect1` 是否与 `rect2` 发生了碰撞；如果碰撞了，那么我们将更改 rect1 的 X 和 Y 坐标值，就像它撞到了“墙壁”一样。

这段代码与上一个碰撞检测示例的主要区别在于创建矩形对象的方式。这一次，我们不想简单地使用 `.rect` 来绘制矩形，而是要实际创建一个变量来保存矩形对象。

此外，我们创建这些矩形精灵，是为了可以访问 `pygame.sprite.Sprite()` 附带的一些内置函数。`pygame.sprite` 模块附带许多内置函数，但不幸的是，本书中没有足够的篇幅来一一介绍。但是，我们将介绍一个非常重要的有助于碰撞检测的函数。

通过将矩形对象存储在变量中并使其成为精灵，我们可以通过直接访问这些属性来更改它们的 XY 坐标。

例如，在程序代码中，你可能会看到类似于 `rect1.rect.x = 100` 的内容。这段代码大体上是说：你想要获取名为 `rect1` 的变量中的 `rect` 对象，并将 `rect` 对象的 `x` 值更改为 `100`。

这部分代码：

```
rect1 = pygame.sprite.Sprite()
rect1.rect = pygame.Rect(300,300,50,50)
```

```
rect2 = pygame.sprite.Sprite()
rect2.rect = pygame.Rect(100,100, 100,150)
```

用于创建两个矩形对象：rect1 和 rect2。一定要注意，当我们在使用 pygame.Rect 时，“R”是大写的，区别于在 rect1.rect 中的使用。如果没有正确地将首字母大写，就会导致错误。

下一个变化是我们如何定义对象（特别是 rect1）在窗口中移动的方式。

由于 rect 对象现在是一个精灵，我们必须以不同的方式访问它的参数，比如它的 XY 坐标。现在，要移动对象，我们使用以下方法：

```
# 如果按下左方向键，则将对象向左移动
if event.type == pygame.KEYDOWN:
    if event.key == pygame.K_LEFT:
        rect1.rect.x = rect1.rect.x - 10
```

请注意，我们现在没有使用 .move_ip 方法，而是直接给 rect1.rect.x 重新赋值，如下所示：

```
rect1.rect.x = rect1.rect.x - 10
```

也就是从 rect1 的当前 X 坐标值中减去 10。

我们对四个方向键的每个按键事件都执行这样的操作，并根据用户移动矩形的方向更改 rect1.rect.x 和 rect1.rect.y 的值。

记住，X 值表示向左和向右移动，而 Y 值表示向上和向下移动。

下一步是使用碰撞检测来检查 rect1 与 rect2 是否发生了接触。这就是将矩形对象定义为精灵的好处。精灵对象的内置函数之一是 collide_rect，它有两个参数：要进行碰撞检测的两个对象的名称。

我们在 if 语句中使用这个函数，这样就可以检查两个对象之间是否有接触。如果发生了接触，我们就将 rect1 的 X 和 Y 坐标值改为 400×400，传送到远离 rect2 对象的地方。这些都是通过以下简单的代码完成的：

```
if pygame.sprite.collide_rect(rect1, rect2):
    rect1.rect.y = 400
    rect1.rect.x = 400
```

最后，我们对代码做的最后一个更改是处理游戏窗口边界碰撞的方式。与前面的方法基本相同，我们不再通过改变 move_x 和 move_y 的值来改变坐标或矩形，而是直接访问矩形的 XY 参数。

如果检测到碰撞“墙壁”，我们只需将矩形向后移动一段距离：

例如：

```
if rect1.rect.x > 750:
        rect1.rect.x = 740
        pygame.display.set_caption('Right Collision')
```

这段代码表示：如果 rect1 的 X 坐标大于 750，则将 rect1 移回到 X 坐标为 740 的位置，然后将窗口标题更改为“Right Collision”(右碰撞)。

开始进行程序测试，通过尝试从顶部、底部、左侧和右侧将 rect1 对象移向 rect2 对象，确保碰撞检测对两个对象的所有四个边都有效。

然后测试窗口边界的碰撞检测，同样要确保检查顶部、底部、左侧和右侧边界。

如果代码不起作用，请重新检查代码，确保与书中给出的一致。

同时，和往常一样，要注意缩进。

12.5 本章小结

在过去的两章里，你完成了一些非常惊人的事情，看起来你正在成为一个不可阻挡的英雄！虽然我们并没有在最后两章中涵盖所有可能的游戏主题——这需要一整本书(或者更多）才能实现——但我们已经涉及了足够的信息来让你设计一个基础的电子游戏，更重要的是，你可以开始去做自己的研究，创建你自己的复杂游戏了。

你的作业？别去管它，去创造一个有趣的游戏，或者至少创造一个游戏的框架。我期待着在 Playstation 402[⊖]或者其他系统上玩你做的游戏，彼时你已成为一个世界著名的游戏开发者！

⊖ SONY 公司生产的 PlayStation 游戏主机系列。——译者注

Chapter 13 第 13 章

错误处理

我们在书中一起探险的时光很快就要接近尾声了。很快，你将自己穿上披风，在没有我帮助的情况下与邪恶的人进行战斗（当然，这只是在你的想象中！），并且自己编写代码。

可悲的是，我们都会经历失败。或者，以一种更好的方式来看待它：幸运的是，我们都会经历失败。

为什么幸运呢？因为失败是变得更强，提高我们的技能和编程能力的最佳方法之一。

想一想：你知道为什么举重时会锻炼肌肉吗？ 因为你必须撕裂肌肉才能治愈。当你举重时，有时会碰到举不起来的点，这一刻，你失败了。这种失败正是健美运动员所要寻找的，因为他们知道，只有当你的肌肉举不起来的时候，肌肉的损伤才会开始修复，并变得更强壮。

你的编程技能是完全一样的。在我看来，真正理解代码的唯一方法就是把它搞砸，然后找出你做错了什么。任何人都能懂这门语言——然而，理解这门语言需要经历多年的失败。

注意，同样的逻辑不适用于你的代数测验……不要搞砸他们！

到目前为止，当遇到问题时，我们会逐行阅读 .py 文件，试图找到出错的地方。然而说实话，如果你按照我例子里写的一模一样，那你应该从来没有出错或者失败过。

然而奇怪的是，有可能是你输错了一两个单词，导致程序出错。在那之后你做的是：检查你的代码并从中寻找导致问题出现的罪魁祸首——错误拼写的单词或者缩进，然后你将它修复。

如果发生了这种情况，恭喜你——你已经正式测试并调试了一个程序，即使这只是最基本的状况。

调试对我们来说是一个新词。它意味着从我们的代码中识别和删除错误。

让我们再来看看这个定义：识别并删除代码中的错误。

对我来说，调试过程中最重要的部分就是查找错误。因此，我们必须了解错误，只有这样我们才能修复或删除导致错误的问题。

对于较小的程序，我们可以逐行查找问题所在。对于较大的程序，我们将要使用称为调试器的程序。

13.1 发现错误

Python 通常很擅长告诉我们，我们把什么事情搞砸了。对于本节，我们继续学习并创建一个名为 `Oops.py` 的新文件。

这个文件将充满错误，并且在你运行你的程序时，可能会在 IDLE 中对这些错误发狂。

当我们输入代码时，代码中的错误可能对你很明显，也可能不明显；无论哪种方式，请继续写下去，假装你看不到错误；它将帮助你更好地理解如何修复程序。

在 `Oops.py` 中输入以下代码：

```
print hello
```

对于精明的开发者，你可能已经看到了问题所在；如果是这样，那真的很好，但现在假装你没看到。继续运行这个程序，看看会发生什么。完成了？是不是收到了一个错误信息？我打赌你肯定收到了！它应该是这样显示的：

```
Missing parentheses in call to 'print'. Did you mean print(hello)?
```

它应该是一个弹出提示。正如你所看到的，IDLE 非常聪明——它不仅发现了你代码中存在的问题。还为你提供了关于如何修复它的建议。

这里有几点需要注意的事情。首先，尽管 IDLE 的确在这提供了修复建议，但它实际上是不正确的。由于我们没有将要打印的文本放到引号中，所以 IDLE 假设我们实际是在尝试打印一个变量，并向我们展示了如何打印一个名为 `hello` 的变量。

在这个示例中，这并不是我们的真正意图，但至少 Python 指出错误并提供了一个可能的解决方案还是很不错的。

我们真正想要做的是打印出“hello”这个单词，这当然很简单，就跟输入

print("Hello") 一样。但是，请记住，我们是希望程序出现错误。

那么从第一个错误中可以学到什么呢？有的时候 IDLE 会在弹出提示中给我们一个错误信息，并提示错误发生的位置和可能的解决方案——但这个方案可能是不对的。

现在，让我们修改文件中的代码，使其与以下内容相匹配：

```
print("Hello)
```

同样地，你可能已经看到问题了——我们忘记使用第二个双引号来闭合 print() 函数——但暂时不管它，继续运行程序看看会发生什么。

这里我们会再次看到一个弹出提示。这一次我们得到了不同类型的错误——end-of-line (EOL) 错误，它应该是这样显示的：

```
EOL while scanning string literal.
```

这里，基本上 Python 就是告诉我们，我们并没有正确的结束这一行，而我们也知道我们没有这样做。如果点击弹出提示中的“OK”按钮，IDLE 就会带我们回到代码中，并将这一行其余部分高亮显示为红色——表示它认为这个区域有错误。

我们知道问题是我们忘记了第二个引号。我们要修正它，但是这次，我们把第二个括号去掉，看看会发生什么。编辑你的代码以匹配以下内容，然后再次运行它：

```
print("Hello"
```

这次，弹出了另一个错误，这次是一个 end-of-file(EOF) 错误：解析时发生的意外 EOF 错误。

这一次，当我们点击“OK”，Python 在我们的代码下面产生了一条高亮的线，这是为什么呢？

当我们运行代码时，Python 一直都在寻找我们这行代码的结尾——这个结尾应该是一个反括弧。但是，它发现这个代码没有反括弧，所以他跳到下一行去寻找更多的代码。当它也没有在下一行找到反括弧之后，它觉得是我们搞错了并高亮了错误的区域，同时告诉我们是在哪运行出错了。

这很重要，因为通常我们认为 Python 会显示错误的位置。实际上，Python 向我们显示了错误的位置（甚至是一个单词？）。把它想象成从跳水板的边缘上起跳，起跳的第一步你就搞砸了。

Python 也是一样的。

继续看下一个错误。

现在，让我们修改一下代码，按照下面这样：

```
prant("Hello")
```

保存文件并运行它。这一次没有弹框提示——我们一定做对了！

嗯，那可未必。

这一次，当程序在 Python Shell 中尝试运行的时候，我们得到的结果如下：

```
Traceback (most recent call last):
  File "C:/Users/James/AppData/Local/Programs/Python/Python36-32/Oops.py",
  line 1, in <module>
    prant("Hello")
NameError: name 'prant' is not defined
```

这种类型的错误称为 NameError。让我们仔细检查一下这段输出信息的每一部分。

第一行说：

Traceback (most recent call last):

这是 Python 告诉你，它在根据首先出现错误的最后一次调用来回溯代码中的错误。这一次我们只得到了一个错误，但是别担心——我们一会儿会得到多个错误。

接下来，Python 告诉了我们一些重要的信息。他告诉我们文件的位置（你的可能跟我的不一样）以及它认为错误出现的具体行数。在这种情况下，它说的是第一行，也就是你代码中的第一行。

接下来，它向我们显示了发生特定错误的代码：`prant("Hello")`。

最后，通过告诉我们错误的类型——`NameError` 来结束，并且提供了更多的详细信息：未定义的名称“prant”。

当我们看到这样的信息，它意味着 Python 看到了：

```
prant()
```

并且没有在内置函数列表中找到它。原因？因为它根本不存在——我们知道 `print()` 拼写错误了，但是 Python 没有办法知道。

由于 Python 没有找到名为 `prant()` 的内置函数，因此它假定我们正在尝试调用我们创建的 `prant()` 函数，由于我们没有使用这个名称创建函数，所以 Python 认为我们输入了一个错误的名称或者没有定义这个名称的函数。

这是一个非常基本的错误，对我们来说非常容易跟踪或者查找，并修复它。我们要做的只是查看第一行，找到导致错误的代码，然后将 `prant("Hello")` 修改为 `print("Hello")`。然后，如果我们保存并运行它，我们会发现一切都是正常的。

当然，我们现在还不需要这样做，因为我们仍然是有意的在代码中制造错误的。

让我们看看还能不能再制造一个错误，再次修改代码，使其与以下内容匹配：

```
a = 1

whilst a < 4:
```

```
    print(a)
    a = a + 1
```

上面的代码执行的是将 1 赋值给变量 'a'，然后我们创建了一个 while 循环，只要 'a' 的值小于 4 它就会迭代或重复循环。

通过循环的每一次迭代，将打印 'a' 的值，并还将 'a' 的值加 1，从理论上讲，代码应该输出为：

```
1
2
3
```

但是，我们在代码中又打错了一个字母，这次你能发现吗？

如果你运行代码，你就会得到一个弹出提示，内容为：

```
invalid syntax.
```

这到底是什么意思？这意味着在代码中有一些单词拼写错误了。再次，有红色高亮提示错误的代码区域。

这个问题是？我们要拼写的是 while 而不是 whilst。

让我们来修复 whilst 的拼写错误，但同时制造另一个错误。按照下面的方式改写代码：

```
a = 1
while a < 4
    print(a)
    a = a + 1
```

这一次你能发现错误码？保存并运行代码。同样地，即便我们修改了 while 的拼写错误，还是出现了语法错误。其他所有的单词的拼写都是正确的，所以为什么呢？

语法错误涵盖了一般的拼写错误，但不仅仅是拼写错误，在这个示例中，我们忘记在 while 语句的末尾添加冒号：，应该是这样的：

```
while a < 4:
```

如果你在末尾添加完冒号并保存文件，它应该是可以正常运行的。

13.2 错误类型

实际上，Python 中只有三种主要的错误类型：语法错误、逻辑错误和异常。在本节中，我们将介绍每种错误类型以及如何处理它们。因此，请戴好你的超级英雄安全护目镜，让我们准备好去解决世界上的这些问题！

好吧，也许只是代码中的问题。

13.2.1 语法错误

在前面的错误概述中，我们已经讨论了一些语法错误。提醒你一下，语法错误就是当 Python 无法理解或读取一行代码时会发生。

语法错误通常是由拼写错误这样简单的事情引起的。也许你拼错了一个函数名，或忘记在语句末尾添加冒号。把它们看作是语法或拼写错误。

在你得到的所有错误中，语法错误发生的频率最高。这既有好的一面，也有坏的一面。好的一面是因为它意味着，大多数情况下，你的错误仅仅是拼写或标点问题，而不是编程逻辑问题。坏的一面是因为查找它们很麻烦，尤其是当你不分昼夜地打字敲代码，眼睛迷迷糊糊的时候。

绝大多数语法错误都是致命的，并且会导致你的代码无法执行，这也是因祸得福。虽然代码完全无法成功执行令人恼火，但这也确保了你不会发布一个存在隐藏问题的软件。

如果你遇到语法错误，请注意 IDLE 中红线高亮显示的位置，或者注意出现错误的行号，并查找拼写、缩进、冒号、引号和括号使用方面的任何问题，或者无效的参数。

13.2.2 逻辑错误

所有错误中问题最大的是可怕的逻辑错误。顾名思义，当你的程序逻辑有缺陷时，就会发生这种情况。这些类型的错误可能会导致你的程序会以一种奇怪的方式运行，或者完全崩溃。

逻辑错误如此令人挫败的部分原因是它们并不总是导致明显的错误。有时 Python 甚至不能捕获错误，而你自己也可能会忽略它。这就是为什么要经常测试代码并尽可能提供文档是如此重要的原因。

有几种可以发现这些类型的错误的方法，包括使用调试程序，我们将在本章后面介绍这些方法。处理逻辑错误的最好方法就是从一开始就做好预防工作。我们通过提前计划和大量测试来保证这一点。使用流程图可以帮助你确定代码的每个部分应该如何运行，是避免逻辑错误非常有用的工具。

当然，逻辑错误仍会不时发生，它已经变成开发者的一部分了。

下面是一个逻辑程序的例子——看看你是否能够找出为什么这个程序返回的结果不是预期的结果。提示：这个程序的目的是找到两个数字的平均值：

```
a = 10
b = 5

average = a + b / 2

print(average)
```

如果你不擅长数学，不要担心。当我们编写这个程序时，我们期望 10 和 5 的平均值是 7.5。然而，当我们运行这个程序时，我们得到的结果是：

```
12.5
```

这显然是不对的。为什么会这样？让我们检查一下我们的方程，看看我们的计算是否正确。

如果我们把这个方程写在一张纸上，我们会写出 a + b / 2——跟上面的程序是一样的。a + b 等于 15，除以 2 等于 7.5，对吧？

如果你还记得我们关于数学运算符和数字的讨论，那么在 Python 中的数学计算与用纸和笔有时是不一样的。在 Python 中，有一个优先顺序，意思是 Python 在处理一个方程式时，会决定先优先处理哪一部分，然后再继续解决下一部分。

如果这一部分不清楚，我建议你回到关于操作符和数字的章节，再复习一遍。掌握了再回到这部分。

为了让 Python 按照我们想要的顺序执行这个方程，我们需要使用括号 () 强制优先顺序。编写代码而不会导致逻辑错误的正确写法是：

```
a = 10
b = 5

average = (a + b) / 2

print(average)
```

这一次，如果你运行程序，可以得到正确的结果：

```
7.5
```

对于那些不擅长数学的人，或者那些睡眠不足的人，你可能会完全忽略这样一个事实：这些代码根本没有正常运行。Python 根本没有发送警告或错误消息，因此，如果我们不测试结果并再次检查以确保它们是正确的，我们将无法真正知道存在问题。

现在想象一下，如果这是银行应用程序的一部分，你可以看到一个简单的逻辑错误如何破坏整个系统——也会让很多人非常难过！

13.2.3 异常

异常是一种特殊的错误。有几种类型的内置异常，但它们太多了，无法在本章中介绍。相反，你可以访问 Python.org 的文档中内置异常页面（`https://docs.python.org/3/library/exceptions.html#bltin-exceptions`）查看不同类型的异常。我会稍后解释为什么它会比你想象的更有用。

现在，要知道当 Python 理解你的代码但是无法执行基于该代码的操作时，就会发生异常。例如，你可能正试图连接到网络上删除或者复制一些数据，但无法连接。又或者你的一个脚本试图使用一个你已经不再提供使用的 API。

异常在许多方面不同于语法错误。其中之一就是它们并不总是导致错误。这样有好有坏；好的方面是即便有异常，但你的程序有时仍然可以运行；坏的方面是虽然能正常运行，但程序中还是有异常的！

我们可不希望我们的代码带着错误运行！

关于异常的最大的好处——如果你想看到有益的一面——是我们可以做一些称为异常处理的事情。处理异常基本上意味着我们预期可能会发生错误，然后编写脚本来捕获处理它们。

假设我们有一个程序要求用户输入四位数的 pin 码。我们要确保该值本质上是数字。我们已经将变量设置为专门保存整数值。让我们从基础代码开始：

```
pin = int(input("Enter your pin number: "))

print("You entered pin: ", pin)
```

如果你将该代码放入一个文件并运行它，它将询问你的 pin 码。继续尝试，如果你喜欢，你可以将其添加到 `Oops.py` 文件中。首先，输入一个四位数字，然后按回车。程序将输出类似于以下内容的响应：

```
You entered pin: 1234
```

其中 `1234` 是你输入的任意数字。

现在，再次运行该程序，只是这一次，在出现提示时输入类似“`abcd`”的内容，然后按 `Enter` 键。

这一回你将得到以下输出：

```
Traceback (most recent call last):
  File "C:/Users/James/AppData/Local/Programs/Python/Python36-32/Oops.py",
  line 17, in <module>
    pin = int(input("Enter your pin number: "))
ValueError: invalid literal for int() with base 10: 'abcd'
```

在这里，我们看到一个 ValueError 类型的异常错误。这是因为 Python 希望在变量 pin 中找到的值类型是整数，相反，你键入了一个字符串。

我们可以确保 Python 不会抛出这样的错误并导致程序不能正常运行的方法之一，是提前处理错误。因为我们知道有人可能在我们的变量中输入了错误的数据类型，所以我们可以编写代码来捕捉发生的错误并对其进行处理。

尝试输入这段代码，替换其他版本的代码，然后保存文件并运行它：

```
# 处理 ValueError 异常的示例

try:
    pin = int(input("Enter your pin number: "))
    print("You entered: ", pin)
except ValueError:
        print("You must only enter a numeric value.")
```

这在 Python 中称为 `try-except` 块。它的特定用途是捕获并处理异常。在某种意义上，包含在代码块中的代码将被小心翼翼地处理。Python 会意识到如果发生错误，你打算处理它；如果异常类型存在（你指定的类型），它将触发 `except` 语句。

继续运行这个程序，并在再次提示时输入 `'abcd'`，来查看代码现在如何运行。你应该得到这样的回复：

```
Enter your pin number: abcd
You must only enter a numeric value.
```

一旦 Python 执行 except 语句，它就会执行你的指令，然后退出程序。在现实生活中，我们希望将此代码放入一个循环中，以便在出现异常时重新开始。例如，你可以使用一个简单的 while 循环，像这样：

```
# 处理 ValueError 异常的示例
repeat = 1

while repeat > 0:

    try:
        pin = int(input("Enter your pin number: "))
        print("You entered: ", pin)
        repeat = 0
    except ValueError:
        print("You must only enter a numeric value.")
        repeat = 1
```

13.2.4 try-except-else 块

另一件你可以做的事情是创建一个 `try-except-else` 块。这样做的原因是，如果没有异常，代码将执行一组不同的指令。例如：

```
# 处理 ValueError 异常的示例
# 使用 try-except-else 块
# 包含在 while 循环中

repeat = 1

while repeat > 0:

    try:
        pin = int(input("Enter your pin number: "))
    except ValueError:
        print("You must only enter a numeric value.")
        repeat = 1
    else:
        print("You entered: ", pin)
        repeat = 0
```

和之前版本的程序相比，有相同的结果和相似的工作原理。有什么区别吗？它更清晰一些，也更容易读懂。它基本上是这样写的：

尝试运行代码，如果运行失败：

如果发生异常，执行这些代码。

否则，如果没有异常，运行这些代码。

13.3 使用 finally

还有一件事情我们可以做，添加一个 finally 语句到块中。当我们希望某些代码无论如何都要运行时，即使有错误也运行，finally 就派上用场了。

```
# 处理 ValueError 异常的示例
# 使用 try-except-else-finally 块

try:
    pin = int(input("Enter your pin number: "))
except ValueError:
    print("You must only enter a numeric value.")
else:
    print("You entered: ", pin)
finally:
    print("Are we done yet?")
```

为了更好地研究这段代码，我们删除了 while 循环和与 repeat 变量相关的代码。这段代码基本上是这么说的：

要求输入一个整数类型的 pin 码。

如果 pin 码不是整数类型的，
触发 except 语句。
否则输出 pin 码的值。
此外，无论如何，
触发 finally 语句。
如果你输入 'abcd' 并触发异常，这段代码的结果是：

```
Enter your pin number: abcd
You must only enter a numeric value.
Are we done yet?
```

如果你再次运行它并输入 '1234' 作为 pin 码，它会得到结果是：

```
Enter your pin number: 1234
You entered:  1234
Are we done yet?
```

无论哪种方式，你都会注意到，finally 语句正如预期的那样被触发了。如果遇到预期的异常错误，这是使程序继续运行的好方法。

13.4 创建自定义异常

除了使用内置异常列表中已定义的异常类型外，我们还可以创建自定义异常。创建自定义异常需要使用 raise 关键字。下面是一个简单的例子：

```
super_name = "Afraid-of-Spiders-Man"
villain = "spiders"

if villain == "spiders":
    raise Exception("Yeah, no thanks...my name says it all...villain should
    NOT equal spiders!")
```

现在我们开始创建两个变量。super_name 是我们的超级英雄的名字，villain 是超级英雄将会遇到的反派。

接下来，我们执行一个 if 检查，检查反派的值是否等于“蜘蛛”（毕竟，英雄的名字是害怕蜘蛛人！）。既然反派的值确实等于 'spiders'，我们就用 raise 来创建一个异常：

当我运行代码时，我得到了这个错误：

```
Traceback (most recent call last):
  File "C:/Users/James/AppData/Local/Programs/Python/Python36-32/Oops.py",
```

```
  line 33, in <module>
    raise Exception("Yeah, no thanks...my name says it all...villain should
    NOT equal spiders!")
Exception: Yeah, no thanks...my name says it all...villain should NOT
equal spiders!
```

注意：你可以忽略这个例子中的行号——我的文件中还有其他代码，使得错误出现的行号与你的不同。

在这里，我们看到异常错误被引发，打印出一些文本：

```
Exception: Yeah, no thanks...my name says it all...villain should NOT
equal spiders!
```

在这个例子中，我尽量让它有趣些，所以我让异常说了一个笑话。事实上，当你创建你自己的异常时，你会让他们说一些类似这样的话：

```
   Exception: the villain variable contains a value that is not allowed -
spiders.
```

这样，如果有人输入了错误的值，当我们查看异常时，不必跟踪问题就可以立即知道问题是什么。

我们可以创建的另一种自定义异常类型是 AssertionError 异常。这种类型的异常通过断言给定的条件为 True 或满足条件来启动程序。如果满足条件，那么程序可以继续运行。如果不满足，则抛出 AssertionError 异常。

思考下面几行代码：

```
assert 1 + 1 == 2, "One plus One does equal 2!"
assert 2 + 2 == 5, "2 + 2 does not equal five! Error in line 2!!"
```

这里我们有两个 assert 语句。如果我们运行这个程序，程序的第 1 行什么也不会发生——这是因为方程 1 + 1 确实等于 2，所以断言条件测试等于 True。

当第二行代码试图执行时，assert 测试条件证明为 False (2 + 2 不等于 5)，因此 AssertionError 被触发，导致以下输出：

```
Traceback (most recent call last):
  File "C:/Users/James/AppData/Local/Programs/Python/Python36-32/Oops.py",
  line 2, in <module>
    assert 2 + 2 == 5, "2 + 2 does not equal five! Error in line 2!!"
AssertionError: 2 + 2 does not equal five! Error in line 2!!
```

为了方便起见，我继续在 assert 的输出中添加了代码中的错误，以及引发

AssertionError 的原因。

13.5 日志

另一个可用于查找代码中错误的工具——特别是对于较长的程序——是使用日志。有几种方法可以做到这一点，但最简单的方法可能是导入 `logging` 模块。

开发者用来减少代码错误的一个方法是使用 `print()` 来验证一切是否正常工作。例如，假设我有一组随机生成的属性数据——正如我们在超级英雄生成器 3000 应用程序中所做的那样。

我可以认为我的代码能正常执行，并假设属性数据是随机生成的，但这可能不是最明智的做法。为了确保我已经正确地编写了所有的代码，可能需要随机生成这些名称，然后临时插入一些代码来打印这些属性的结果。一旦确定随机数生成功能正常，就可以删除所有 `print()` 并继续执行代码。

例如，我可以这样开始写代码：

```
import random

brains = 0
braun = 0
stamina = 0
wisdom = 0
power = 0
constitution = 0
dexterity = 0
speed = 0

brains = random.randint(1,20)
braun = random.randint(1,20)
stamina = random.randint(1,20)
wisdom = random.randint(1,20)
constitution = random.randint(1,20)
dexterity = random.randint(1,20)
speed = random.randint(1,20)
```

然后，我意识到需要检查所有的属性值是否正确地随机化，我可能会重新编辑代码来添加这些 `print()` 函数：

```
import random

brains = 0
braun = 0
stamina = 0
wisdom = 0
```

```
power = 0
constitution = 0
dexterity = 0
speed = 0

brains = random.randint(1,20)
print("Brains: ", brains)
braun = random.randint(1,20)
print("Braun: ", braun)
stamina = random.randint(1,20)
print("Stamina: ", stamina)
wisdom = random.randint(1,20)
print("Wisdom: ", wisdom)
constitution = random.randint(1,20)
print("Constitution: ", constitution)
dexterity = random.randint(1,20)
print("Dexterity: ", dexterity)
speed = random.randint(1,20)
print("Speed: ", speed)
```

然后我就可以运行一下这个程序，看看随机值是否存储在我的变量中，运行结果如下：

```
Brains:  19
Braun:  19
Stamina:  2
Wisdom:  11
Constitution:  14
Dexterity:  12
Speed:  6
```

然后，确信这些随机值存储成功后，我会再运行一次测试，以确保每次程序运行时，这些值都是随机的。这个测试很简单：如果第二次测试的值不同，就说明代码是成功的。结果如何？

```
Brains:  20
Braun:  2
Stamina:  14
Wisdom:  18
Constitution:  6
Dexterity:  19
Speed:  3
```

由于在我的两次测试中，每个变量的值是不同的，我可以假设我使用 `random` 是正确的。我不再需要 `print()` 函数，把它们注释掉或者完全删除它们。

因为这是一段简单的代码，所以我准备继续并删除 `print()` 函数，以便我的代码更具可读性。

其实我可以使用日志（logging）功能来监视文件并将结果写入单独的文本文件，而不是使用一堆 print () 函数让文件那么混乱。

日志（logging）功能的另一个好处是，我们可以保留代码中发生的事件和错误记录，以备日后出现新的错误或者需要查看日志时使用。

值得注意的是，日志（logging）功能不仅仅是监视警告和错误，它还对监视触发事件非常有用。

事实上，`logging` 模块有自己的一套“重要性等级”评级，你可以在记录日志时使用。它们是：

Critical：严重错误，表明程序已经出现严重问题或不能继续运行了。

Error：表示严重的、非关键的问题。

Warning：表明发生了一些意外，或者不久的将来会发生问题，程序还是在正常工作。

Info：用于确认您的代码正按预期的方式工作——类似于使用 `print()` 语句。

Debug：有助于诊断任何问题，并提供在调试过程中可能有用的信息。

事实上，日志和日志（logging）模块的使用超出了本书的范围。恰当地解释它的用法需要一整章的时间，虽然我鼓励初学者学习日志（logging）功能，但它根本不适合我们的课程。

话虽如此，还请留出一些时间来阅读关于日志和 `logging` 模块的 Python 官方文档。另外，看看互联网上的一些教程和其他更高级的书籍，并在创建更复杂的程序时开始涉足日志（logging）功能。

13.6 Python 中的调试工具

我们讨论了很多关于修复代码中的错误、测试代码以及如何执行异常处理的问题。我们还讨论了日志以及使用 `logging` 模块跟踪日志文件中的错误和事件的基本概念。

另一个解决编程问题的超级英雄的锦囊妙计是叫作调试器的工具。有许多 Python 调试器可供选择，每种都有各自的优缺点。有些涵盖 Python 的特定领域，是专业化的选择，而另一些则是通用调试工具，其功能与其他调试程序类似。

事实上，Python 有自己的调试工具，称为 `pdb`。

从技术上讲，`pdb` 是一个可以导入和使用的模块。该模块允许你单步执行程序并逐行检查它们是否正常工作。

还记得我们之前使用 print () 语句来检查属性随机值是否正确分配的例子吗？使用

pdb 调试器模块，无须编写所有 `print()` 语句就可以实现相同的结果。

你可以在 Python 的文档网站上了解更多关于 Python 调试器 pdb 模块的信息——只要确保你正在查看的文档的版本与计算机上安装的 Python 版本一致即可。例如，这是 Python 3.6 的链接：

`https://docs.python.org/3.6/library/pdb.html`

还有 Python3.7 版本中，增加了新的内置函数 breakpoint() 使得调试器 pdb 更加直观和灵活：`https://docs.python.org/3.7/library/pdb.html`

与日志功能一样，你应该学习调试并开始学习其基础知识，然后当你创建更复杂的程序时，无论选择哪种调试工具都会让你的编码更加得心应手。到现在我还在坚持使用 `pdb`。

13.7 处理错误的最后一个提示

如果我以前没有说过这些，那么我想给你最后一个关于查找和处理代码中错误的提示：使用注释。

那这究竟是什么意思呢？

这个概念非常简单：如果你怀疑某段代码有问题，可以注释掉 (#) 这行代码，注释的代码在运行时会被 Python 忽略，然后运行代码并查看问题是否仍然存在。如果不存在了，那么你应该就发现问题所在了；如果问题仍然存在，那么继续下一段代码。

对于 if 语句块等更复杂的结构，使用多行注释 (""") 注释掉整个部分。例如：

```
"""
IF
code
code
code
"""
```

这样会注释掉三个引号 (""") 之间的代码。

这是所有级别的开发者都会使用的一种常见注释方法。只是不要忘记在检查和 / 或修复代码之后取消注释！

13.8 本章小结

不敢相信我们已经走了这么远了，离我们的超级英雄冒险结束只有一个章节了！

这一章全是关于错误的：找到它们、修复它们、记录它们、调试它们。以下是这些主题的一些亮点，你可以在闲暇时回顾一下。

然后，就是最后一章啦！

- Python 中的三种错误类型是：语法错误、逻辑错误和异常。
- 语法错误类似于拼写错误或者语法使用错误；它们通常是导致代码无法执行的致命错误。
- 如果你的程序中存在逻辑缺陷就会出现逻辑错误，它们并不总是导致明显的错误，并经常导致程序表现怪异而非崩溃。
- 异常也不总是导致错误，程序即便抛出异常通常仍然可以运行。
- 内置异常的类型有很多，包括 ValueError 和 NameError。
- 除了内置异常外，我们还可以使用 raise 和 assert 来创建自定义异常。
- 通过 try-except-else-finally 语句块，可以在遇到某些特定的条件或错误类型时，更好地控制错误的处理。
- 异常处理是处理异常错误的过程。
- 日志运行允许你跟踪代码中的错误、警告、调试信息和事件。也可以将这些日志保存到单独的文件中，以备后用。
- 你可以使用 logging 模块帮助你记录日志。
- 有许多工具用于 Python 调试，帮助你发现错误并加以修复。
- Python 的内置调试器是 pdb 模块。
- 你可以使用单行注释和多行注释在程序中注释掉不确定是否会导致程序错误的代码块。然后运行测试看是否是注释掉的代码导致的问题。

第 14 章 Chapter 14

Python 职业

年轻的英雄，这是一个漫长的旅程。我们已经战胜了许多敌人——像 Jack Hammer 和邪恶的 Algebro 这样邪恶的恶棍。我们通读了这本神秘的书籍，获得了洞察力和智慧，使我们能够将自己的能力提升到前所未有的高度。我们说的是珠穆朗玛峰的高度。

或者，至少是操场上那个非常高的滑梯的顶部。

不管怎样，当我们第一次一起开始这次冒险的时候——这确实是一次冒险——你只不过是一个超级紧身衣上沾着芥末酱的小跟班，还有一件皱巴巴的斗篷。你的面具，虽然颜色鲜艳，却几乎没有遮住你的脸。

但是看看你现在！一个成熟的英雄，充满惊人的力量。你可以创建自己的程序、编写电子游戏、（符合伦理道德地）黑进计算机、执行伟大的数学壮举、随机生成统计数据等。

你已经从一个初出茅庐的英雄变成了一个超级英雄，从一个学生变成了……嗯，一个更出色的学生。

但最重要的是，你已经从读者变成了开发者，我的朋友，这就是这本书的目的。

然而，即使你站在这个大峭壁上，也不能被装饰华丽的超级英雄安乐窝的假象所骗，你要一刻不停地练习新发现的力量和知识。世界景观是不断变化的，技术也是如此。Python 也是一个不断进化的野兽，看不到尽头。

正因为如此，你必须继续练习已经掌握的知识，直到它变得像第二语言一样。你需要用代码来实现梦想！然后，走出去，学习更多的语言，实现更多的梦想！

Python 还有很多的知识需要你去发现和学习。这本书只是冰山一角。你在书本上学不到的、实际的、真实的经验在等着你。更新版本的 Python 正等着你。

或许还有其他的编程语言。

我鼓励你拓展自己的知识面，永远不要满足于现有的知识。看看其他语言。考虑学习 Perl，它与 Python 非常相似，应该很容易上手。Ruby on Rails 和 PHP 也是很棒的下一代语言，特别是如果你想拓展到 web 应用程序编程领域。

C 和 C++ 稍微难一点，但是即使你只是学习基础知识，也是值得努力学习的。同时，HTML、JavaScript 和 JSON 都是方便的工具，你应该把它们添加到简历和技能集中。

说到简历，最后一章有一个真正的目的：为你进入编程的真实世界做准备。无论你是 13 岁还是 14 岁，迟早你都需要决定职业道路上的方向；知道你现在有什么选择可以帮助指导你未来的学习道路。

例如，如果你决定从事游戏编程工作，那么继续学习 pygame 和玩玩 Scratch 肯定会有帮助。一定要添加诸如 C、Java 和 C++ 之类的语言——特别是 C++。

在本章中，我们将着眼于所有当前和未来的职业选择，以帮助你开始思考当你是一个成年人时你想做什么。我们也会看一些常见的面试题，这是为那些已经是成年人并且需要开始为自己的生活买单的人准备的！

我们还将刷新对最佳编程实践的记忆，以便我们继续编写出色的代码，并且保住我们获得的工作。我再怎么强调好的编码原则的重要性也不为过。世界的未来取决于它！

说到未来，我们将着眼于 Python 作为一种编程语言的未来。我们将讨论它在虚拟现实（VR）、增强现实（AR）、人工智能（AI）以及其他一系列缩写中的作用，这些缩写让我们说话时听起来既时髦又酷。

最后，我们将用 Python 术语备忘单来结束本章，并回答一些人们在 Python 和一般编程方面最常见的问题（FAQ）。

14.1 使用 Python

当你拿起这本书的时候，你心里可能已经有了一条职业道路，也可能没有，这没关系；许多人在“长大”之后还没有决定他们想做什么，直到他们，嗯，远远超过了成年的时候！

无论你是否知道你想成为什么样的人，或者从事什么职业，有一件事是肯定的：你在乎的是什么东西。事实证明，你投资了这本书，更重要的是，投资了你自己。你花时间阅读这些文章并尝试代码，这比你这个年龄段的很多人所做的还要多。这样对你有好处！

下一步是弄清楚你想用所获得的知识做什么。最有可能的情况是，无论你学了什么领域、其他什么语言和技能，你还是会希望继续作为一名 Python 开发人员。

除了你的选择以外，其他的因素也会影响你在职业生涯中所做的事情。你遇到的人、你居住的地方，以及可获得的工作机会都会影响到你的发展方向。你可能一开始就认为自己会成为一名游戏开发者，在一家电子游戏开发公司实习，成为一名游戏测试员，从而获得一些经验，然后转向这条道路。没有人知道——但这就是人生冒险的一部分!

这并不意味着你不能朝着某个目标努力并坚持到底。要知道，不管多么用心良苦的计划，也可能会出现意料之外的情况，这都是正常的。

撇开这些不谈，最好对你要做的事情有所了解。因此，考虑到这一点，让我们看看当你成为兼职超级英雄，全职的开发者时的职业选择。

14.2　Python 的职业道路

本节列出的职业道路没有任何特定的顺序；排名不分先后，虽然你可能会发现在某些地区的薪资比其他地区高。但我们不会把重点放在这上面，我坚信要做自己喜欢的事情。如果你这样做，成功就会随之而来。

这个清单并不是决定性的；你还可以选择很多其他职业，但这些是目前最常见的。

14.2.1　Beta 测试员

Beta 测试员是软件开发者世界的无名英雄。他们测试程序和软件，从技术角度和用户体验角度分析哪些可行，哪些无效。在某些情况下，可能会要求你对程序的某个特性或方面进行专项测试；还有其他情况下，你可能要对所有内容进行全面测试。

编程知识对这个角色很重要，但不是最重要的。我已经测试了许多程序，虽然从编程语言的角度看，我并没有这些程序所需的编程经验，但我理解这些概念和事务是如何工作的，并且很好地实现了目标。

当然，如果你懂得这门语言，并且能够在代码中精确定位问题，那么这样就更好了，你可能会更容易找到工作。

可能的情况是，你还没有完全意识到你已经测试过软件了。如果你是狂热的电子游戏玩家或者手机游戏迷，通常你会在正式发布之前尝试一个测试版本。虽然这不是有偿测试，但还是有好处的，比如免费软件抑或硬件。

14.2.2　代码调试员 / 错误定位员

这可能听起来类似于 Beta 测试员，但实际上在大多数情况下，它确实涉及更多一些。你的任务：定位不稳定、错误的代码，并报告如何修复它——或者根据具体工作自行修复。

如果你是那种喜欢花几个小时去尝试解决程序到底出了什么问题，或者喜欢把东西拆开就为了搞明白原理的人，那么这对你来说可能是一个很好的职业选择；至少不管你选择什么样的职业道路，这都是一个很好的技能。

请记住，你将查看其他人的代码，并且经常查看多个人的代码。希望这些人有良好的文档习惯并遵循标准准则，但你永远也猜不到将会遇到什么。

尽管如此，这仍然是保持游戏领先地位的好方法，如果你成为软件开发者或创建自己的应用程序，那么善于发现程序错误将非常有用。

14.2.3 数据科学家

如果你擅长统计、数字和研究，你可以考虑进入数据科学领域。Python 在数据科学的世界里占有重要地位，它是统计学和机器学习技术的混合体。

得益于其庞大的数学和数据可视化工具库（如 matplotlib 和 NumPy），Python 开发者在数据科学领域处于领先地位。在这方面的工作中，你将使用图表和其他工具来帮助组织、解释和显示各种行业和应用程序的数据集。

你开发的算法和对数据的解释有助于组织或企业做出关键决策。你需要一个善于分析的大脑、良好的数学技能，当然，还需要一些编程知识来帮助你走上这条职业道路，但是对于那些热衷于了解信息真正含义的人来说，这将是一个非常有价值的领域！

14.2.4 软件开发人员 / 软件工程师

成为一名软件开发人员有很多选择。这可能是你在考虑自己在宏伟计划中适合的位置时首先想到的角色。

软件开发人员开发了大量的软件，包括生产力应用程序（如 Microsoft Office）、音乐创作程序以及几乎所有你能想到的软件。只要看一眼你计算机上的应用程序，你就会对这个范围到底有多广有一个很好的了解。

如果你决定成为一名软件开发人员或软件工程师，请记住，你会想要尽可能多地学习 Python 和其他语言；多了解其他语言和框架并没有什么坏处，而且，一旦你了解了 Python，会意外地发现学习第二或第三种编程语言会变得非常容易，因为许多逻辑和结构在不同的语言之间都是相同的；这主要只是学习新的语法和编程风格的问题（例如，不是每种语言都使用缩进）。

14.2.5　电子游戏开发者

虽然这个职业在技术上与软件开发人员的道路是一样的，但是我想我应该特别提到它。作为一个狂热的电子游戏迷——毕竟这正是我开始进入编程行业的原因——如果我不把它当作自己独立的职业选择，那我就是失职了。

在过去的十年中，电子游戏开发确实在蓬勃发展。事实上，在我上大学的时候，只有少数几所大学（主要是专业）开设了游戏开发方面的课程。实际上，我的大学只开设了一门这样的课程——而且一年只有一次！

当然，我们过去常常把密码刻在巨大的石头上，把骨头戴在鼻子上，但仍然……

如果你想在主流的游戏机上做开发，你需要知道的不仅是 Python 和 pygame。事实上，虽然 Python 肯定会帮助你理解一些逻辑需求，但你确实需要扩展到 C++，同时使用一些 C 和 Java 会更好。

如果你选择走非主机游戏，或者 PC 游戏的路线，你可能有更多的选择，但实际上，在写这篇文章的时候，C++ 是个不错的选择。

14.2.6　移动端开发

尽管 Python 不是你可能会想到的用于移动开发的第一语言，但实际上，你可以使用这种语言来创建应用程序，和 / 或与其他语言相结合，可以说，这样在移动应用程序开发方面可以做得更好。

移动应用程序包括你在手机或平板电脑上使用的任何应用程序。可以是游戏、即时通信应用、新闻阅读器应用、银行软件，甚至是网站的移动版本——这样的例子数不胜数。

如果你选择了这个重要且巨大的市场，你最好能学习真正强大的移动开发语言：C# 或 Objective-C、C++、Java、Swift 甚至 HTML5。为了简单起见，你可能希望从 HTML5 开始，因为它可能比列表中的其他技术更容易学习。你也可以使用 HTML5 进行网页开发，所以如果你发现移动应用开发并不适合你，那么它将是一个非常方便的工具。

当然 C++、C 和 Java 也会为你打开其他职业的大门，但是它们学习起来要稍微复杂一些，所以这完全取决于你的时间和需求。

无论哪种方式，只要知道你可以使用 Python 进行移动开发就好，即使这种用途并不广为人知。

14.2.7　Web 开发和 Web 应用程序

如果你想创建基于 web 的应用程序，Python 当然可以在这方面提供帮助。事实上，Python 真正的强项之一是其强大的 web 框架，比如 Django 和 Flask。这些框架作为一种蓝图或框架，让你可以快速部署应用程序的“骨架”，从而节省大量的部署设置和编码时间。基本上，它们为你创建好了 web 应用程序中的基础编码，这样你就不必重新造轮子。

将 Python 和 web 框架与 HTML5 相结合，再加上一点 JavaScript，你将成为互联网世界不可忽视的一股力量。例如，Google、YouTube 和 Yahoo 都依赖于 Python 平台。如果这还不能让你知道 Python 有多好，我不知道还能说什么！

14.2.8 系统管理员

尽管系统管理员是一个有趣的群体，但他们也是任何组织的非常必要的组成部分。正如你现在可能已经猜到的，Python 在帮助系统管理员完成工作方面特别出色。

系统管理员使用 Python 创建工具和实用程序，以帮助他们管理计算机系统、控制操作系统和处理网络任务。

它还允许你创建自己的服务器和客户端、信息系统等。到目前为止，Python 是系统管理员最好的朋友。

14.2.9 研究、教学等

正如数据科学家一节所提到的，Python 也是一个很好的研究工具。它拥有如此多的库和工具来处理复杂的方程和数据集，难怪 NASA 如此依赖这种语言。

更重要的是，在学校或大学的环境中教 Python 总是一种很好的谋生方式，同时也可以将知识传递给后代。它是如此容易学习，从另一个方面来看，也易于教授，因此它经常作为计算机科学课程要求中的第一步。

14.3 常见的 Python 面试题

对于读这本书的一些人来说，你不必担心在面试中会被问到什么样的问题；对于其他人而言，这将是一个非常现实的问题，迟早会发生。不管哪种方式，无论你是否已经准备好进入职场，又或者你还年轻不用考虑这样的事情，我们都建议你花点时间研究和思考这一节中常见的 Python 面试问题列表。

虽然这本书涵盖了很多这样的主题，但有更多的主题还没讲到；请记住，这是一本面向初学者的书，旨在教你如何开始使用 Python 编程。这并不意味着能让你全副武装地投入到工作中去。

如果有任何不理解的术语或想法，我们强烈要求你搜索他们，在其他书籍中查找，并尽可能多地学习。这些问题和答案不仅是为了让你死记硬背后去获得工作；实际上，这些问题之所以在面试中常见，是因为它们所隐含的概念是重要的编程原则。

所以，了解这些问题的答案——并通过学习和实践进一步真正理解它们——不仅能在你准备好找工作的时候帮助你找到工作，而且会帮助你胜任那份工作甚至快速成长！

14.3.1　你能告诉我 Python 的一些主要特性吗

这是一个看似简单的问题。面试官要看的是你对 Python 的了解程度，对这门语言的热爱程度，以及对它的通用特性的了解程度。虽然有不少你可以指出，但最常见的是：

- Python 是一种解释型语言，这意味着它不像某些其他语言一样在运行之前需要进行编译。
- Python 是一种多用途的语言，能够在广泛的领域中使用，包括数据科学、道德黑客、系统管理、web 开发、移动应用程序开发、电子游戏编程、科学建模等。
- Python 可读性强，易于学习，但是功能强大。它是一种动态类型的面向对象语言（这意味着不需要定义声明变量的数据类型；Python 在大多数情况下都可以检测到你想要的数据类型）。

14.3.2　元组和列表之间的区别是什么

我们在前面的章节中讨论过这个问题，答案非常简单：元组是不可变的，这意味着它们的值不能更改。同时，列表是可变的，这意味着你可以更改它们的值。另一个区别是元组需要圆括号 ()，而列表使用方括号 []。最后，尽管对于人类来说可能并不明显，但从技术上讲，列表比元组要慢。

14.3.3　什么是继承

我们在使用对象和类的章节中讨论了继承的概念。你可能还记得，类遵循类似父子关系的层次结构。当我们有父类或超类时，该父类的子类继承父类的属性和方法。

记住：类和对象——面向对象编程（OOP）的一个关键特性——都是关于代码重用性的。子类可以从一个父类或多个父类继承，从而具有极大的灵活性和极高的编码效率。

14.3.4　如何在 Python 中生成随机值

我们在这本书中经常使用的一个重要模块是 `random`。在我们的超级英雄生成器程序中，它是创建我们的英雄属性数据随机值的关键，也用于随机选择超级英雄的名字以及能力。

要使用它，我们首先必须导入它：

```
import random
```

然后把它应用到我们的代码中，例如，我们可以写：

```
import random

a = random.randint(1, 10)

print(a)
```

这将在变量 a 中存储 1 到 10 之间的随机值，然后将其打印出来。

14.3.5 如何在 Python 中创建列表、元组和字典

这看起来似乎是一个简单的问题，但是如果开发者被要求现场手写的话，那么这个问题可能会有一点棘手，所以要勤加练习创建这些代码，并知道何时使用它们，这样你就可以不假思索地写出来。

创建方法如下：

```
myList = ['James', 'Mike', 'Spinach Man', 'Mister Kung Food']

myTuple = ('James', 'Mike', 'Spinach Man', 'Mister Kung Food')

myDict = {'Writer' : 'James Payne', 'Student' : 'YourName'}
```

14.3.6 局部变量和全局变量之间有什么区别

局部变量意味着只能在函数中使用；也就是说，它是我们在函数内部创建的变量。如果一个变量是在函数之外定义的，那么它就是全局变量。

14.3.7 Python 提供的不同数据类型有哪些

Python 中总共有五种基本数据类型：数字、字符串、列表、元组和字典。

14.3.8 什么是 GUI？哪个 Python 库最适合 GUI 开发

这个问题分为两部分，答案很简单。首先，GUI 代表图形用户界面，允许你在程序中加入诸如按钮、标签、文本框、复选框、单选按钮等。

Python 用于 GUI 开发的默认库称为 Tkinter。

14.3.9 如何在 Python 中打开文件

这是我们在这本书中讨论的另一个话题。你可能还记得，我们使用 open() 函数打开文件。我们首先指定文件的名称和位置（如果文件位于根目录之外），然后指定以哪种模式打开文件。例如：

```
myFile = open("test.py', 'w')
```

以写入模式打开位于根目录中的 `test.py` 文件。

14.3.10 如何列出模块中的所有函数

另一个常见的面试问题是，如何查看给定模块中的函数列表。答案是，使用 `dir()` 方法：

```
import random

print dir(random)
```

使用 `help()` 也能帮我们查看模块中的文档。

14.4 其他 Python 面试问题

你永远不会知道在面试中会被问到什么类型的 python 特定问题，所以一定要在面试之前做好充分的准备。下面列出的是相当常见的面试题，但除此之外还有很多你可能会被问到的问题。

此外，你可能会被要求回答一些特定代码的问题，或者被要求编写代码来执行一些特定的功能。准备好编程的基础知识，并了解最常见的内置方法和函数。

为工作面试做准备的一个很好的方法就是研究下面试的公司和你将在那里做的编程类型。例如，如果公司是开发 web 应用程序的，那可以预料到会有人问你关于 web 框架的问题。

最后，也要随时准备回答与 Python 或编程无关的问题——这些问题也会被问到。在面试过程中，职业目标、过去的经历、性格爱好和平常处理问题的方式和态度都会被考虑在内，所以一定不要忽视基本的面试准备。

而且耳朵后面要干净……你未来的老板可能会经常站在你身后！

14.5 最佳编程实践

尽管很多编码习惯都是个人喜好，但当你进入职场时，总会有一些标准是你必须遵守的。我们讨论了良好的和适当的文档的重要性；这一节是关于要遵循的最佳编程实践。

本节中的提示将帮助你成为更好的开发者，提高效率，避免常见的陷阱，并减少编码错误。到目前为止，这还不是一个完整的列表，但是它应该会让你像一个超级英雄一样编码！

14.5.1 遵循风格指南

Python 的发明者以其无穷的智慧创造了风格指南。就像 Python 本身一样，这个风格指南称为 PEP 或 Python Enhancement propotions（Python 改进建议），这是一个针对 Python 中广泛主题的建议列表。它涵盖了从不建议使用（已删除）的模块到风格指南，再到语言演变指南的所有内容。

从字面看有很多的 PEP。例如，风格指南是 PEP 8，最初是由 Guido Van Rossum、Barry Warsaw 和 Nick Coghlan 在 2001 年创建的。

它介绍了如何布局代码、是否使用制表符或空格进行缩进、代码的最大行长度、使用字符串引号以及其他更多内容等。

雇佣你的大多数工作都希望你熟悉这个特殊的 PEP，尤其是关于缩进和命名约定的部分。这不仅可以帮助你的同事更好地审阅和使用你的代码，还可以帮助你编写更好、更高效和更少错误的代码。

你可以在 Python 官网上找到 PEP 8：`www.python.org/dev/peps/pep-0008/`。

你可以找到所有 PEP 的列表：

`www.python.org/dev/peps/`。

举一个例子，下面是 PEP 8 关于命名约定的内容：

类：名称中的第一个和第二个单词（以及其他单词）使用首字母大写。例如：`VillainType` 或 `MutateClass`。

变量、函数、方法、模块和包：使用小写字母并用下划线分隔。例如：my_hero_name 或 my_villain_name。

14.5.2 发现问题，立即解决（现在而不是以后）

通常，当我们在一个项目上取得巨大进展的时候，我们会想要继续向前推进进度。在办公室环境中尤其如此，当截止日期的压力迫在眉睫，你开始感到时间紧迫，甚至疲惫不堪的去完成你的那部分代码然后继续下一部分。

然而，这种心态可能会成为一个大问题。因为我们可能会忽略代码中的小错误，以为可以在以后改正它们，但事实是，这种思考过程往往是一个陷阱，而不是一种帮助。

这里或那里可能会出现错误，但是就像雪山上的雪崩一样，它们很快就会开始堆积起来，摧毁它们前进道路上的一切。错误往往导致其他错误，产生多米诺骨牌效应。如果一部分代码不能正常工作或者出现错误，那么其他部分的执行就会出现问题。更糟糕的是，那些受到影响的部分甚至可能不会给出警告或错误，从而导致更大的问题。

这里的教训很简单：经常测试你的代码。如果你发现了一个 bug，立即修复它，除非这个问题得到解决，否则不要继续工作。你以后会感谢我的，相信我！

14.5.3 文档就是一切

我们在书中多次提到这个想法，但是在这里需要再次重复：随时、每时每刻记录你的代码。清晰的文档是一个成功程序的关键——这包括它的初始版本，以及随后的任何版本。

如你所知，Python 程序可以由上千行代码组成。甚至数百万。你读过别人的信件或电子邮件吗？在最好的情况下，即使他们和你说同样的语言，人们也不总是能读懂。Python 也不例外；尽管每个代码（无论如何都应该）都试图遵循传统的命名约定和代码结构，但事实是，很多开发者都是自学的。

随着时间流逝，我们也会变得懒惰和自负；我们会假设任何人阅读我们的代码都会理解我们的意图。更糟糕的是，我们认为自己会记得几年前我们所做的事情。

虽然对代码进行文档化可能会花费更多的时间，但是从长远来看，这将为你节省大量的时间。不管这么做是因为它减少了你追踪 bug 和代码错误的时间，还是因为你可以快速重用部分代码，文档可能是最重要的——在我的书中（毕竟这是我的书），你可以遵循的最佳实践。

当我们说到文档时，它不仅包括 # 的单行注释或 """ 的多行注释；它还包括正确的文档字符串用法。

当你成为一名专业的开发者时，也有一些工具可供你使用，比如 Sphinx 和 reStructuredText。但是现在，从基础开始，练习记录你编写的每一段代码。

14.5.4 使用代码库和包

使用 Python 的最大卖点之一是你可以访问由 Python 开发人员社区创建和测试的庞大 Python 包库。在你处理自己的项目时这些代码和函数可以为你节省大量的时间、减少错误和痛苦。俗话说，为什么要重新造轮子呢？

你可以在 Python 包索引（PyPi）存储库中找到要使用的包，该存储库位于 `https://pypi.org`。目前有 155 000 个项目和接近 30 万的用户。

如果你不确定你在寻找什么或者正在寻找灵感，你可以搜索项目、浏览它们，或者查看趋势项目列表。

除了寻找可以帮助你的程序的包之外，你还可以学习如何打包并托管自己的包，以便其他人在 PyPi 网站上进行测试和使用。

我强烈建议你经常访问这个站点，并看看 Python 社区中的其他人在做什么。

你可能还记得我们在本书中使用 pip 安装了一些包；这些包就是来自这个存储库。

14.5.5 经常测试

因为它需要重申，所以我将用另外一两个段落来讲解它：测试你的代码。经常测试一下。

任何时候你进行新一轮的重大更改或添加其他部分，都要测试前面的代码。即使它只是一个简单的 if 块或者一个小循环。如果有一部分代码依赖于判断或者条件语句，确保你测试了每一个可能的答案。

例如，如果你有一个 if 块然后说“如果是，那么 X，如果不是，那么 Y，否则 Z”，确保你执行每一个条件。在测试中要彻底，如上所述，如果发现警告或错误，要进行修复。

然后，一旦你修复它，再次测试。

14.5.6 选择一项：缩进或空格

现在又回到了关于风格指南和 PEP 建议的讨论。在编写代码时，一定要选择是使用空格缩进还是制表符。

选择一种方式后，那就坚持这个决定。

我亲眼看到过关于使用哪个选项的一些争论，最终我会这样说，虽然这会激怒一半的 Python 用户：只要坚持使用你选择的，使用哪个并不重要。

除了个人偏好和 PEP 指南之外，请记住，你工作的任何组织都有自己的风格指南，这些指南将凌驾于其他任何东西之上，包括个人偏好和其他方面。

但是同样，在编码时，应该始终使用相同的缩进习惯：空格或者制表符。

14.5.7 课程很棒但并非一切都需要成为一体

在任何时候使用 Python 或任何语言编写任何结构或事物时，都要考虑它是否完成了你所期待的功能。例如，类具有很好的可重用性，但函数也是如此。模块也是如此。

归根结底，你真正的工作是让一切尽可能简单。如果这样做了，你将实现我们在本书中经常谈到的目标：可重用的代码、减少错误、高效的代码。

保持事情简单的另一个好处是，它使一切更具可读性，其重要性怎么强调都不为过。内容越容易阅读，你和同事就越容易跟踪问题或增加部分代码。

但使用过多的类和模块也有一部分负面影响；尽管它们在许多方面都很棒，但它们往往会破坏 Python 代码的可读性。

尽一切可能使用它们，只要确保它们是必要的，并且是做你要实现目标的最简单的方法即可。

14.6　Python的发展前景

就目前而言，Python 无疑是地球上使用最多的编程语言。这种趋势已经持续了相当长的时间，并且没有减缓的迹象。这种语言学起来非常简单、功能强大而且灵活，因此在可预见的未来，它没落的可能性非常小。

有几个领域预计会在 Python 的加持下快速发展。在某种程度上，这是由于这些特定的领域或行业越来越受欢迎。对于其他人来说，这是因为 Python 在这些领域中有优异的表现。

其中一个例子是数据科学、研究和科学编程应用。在已经成为领域的强大力量的情况下，作为数据科学的应用，这种语言只会持续增长。

推动 Python 增长的另一个因素是，有许多公司基于 Python 2 构建应用程序。由于 Python 3 的稳定性，这些公司开始更新并移植代码到 Python 3 上，这个过程比切换到一组全新的代码要简单得多。

当然，Python 并非无懈可击。在某些领域 Python 还需要更多的成长。其中之一就是移动开发。然而，与其回避这个领域，你当然可以期待 Python 社区和 Python 的创造者们走上正轨，并确保 Python 在移动应用程序开发和帮助你解决这一领域问题的工具方面不会被远远甩在后面。

人工智能（AI）、虚拟现实（VR）、增强现实（AR）等高科技领域和不断发展的物联网（Internet of Things）领域正在崭露头角。或者它们已经到来，这取决于你学习编程的进度与对技术的看法。智能家居和互联设备是一个快速增长的市场，可以肯定的是，Python 将成为其中的一部分。

归根结底，Python 的学习曲线和易用性使它成为一种将在未来数十年内广泛使用的语言。为什么？答案很简单：如果你拥有一家公司，你随便雇佣一个人就可以快速上手 Python 并编写代码。加上它的灵活性，社区开发的大量 Python 包，以及我们在本书中讨论到的所有其他重要的内容，我坚信 Python 仍然是开发者的动力源泉。

而且你也应该如此。

14.7　Python中的术语

在 Python 中讨论了大量的术语。尽管本书可能很全面，但仍有没有涵盖的内容。为了帮助总结本书中的数据，并教给你一些新的术语，我们将在本节介绍开发者在编程中可能会遇到的常见的 Python 术语。

argument（参数）：分配给函数的一个值。

assign（赋值）：给变量、列表、字典、元组或其他对象一个值。

boolean（布尔值）：等于 True 或 False 的值。

class（类）：可以将类视为对象的模板。有超类（或父类）和子类。子类可以继承父类的特征（方法和属性）。使用这些模板，你可以基于一个或多个类快速创建对象。

comment（注释）：注释用于帮助记录或解释一部分或一段代码的用途。你可以使用 # 后跟空格进行注释，然后为单行注释编写文本，如下所示：

```
# 这是一行注释。
```

当 Python 看到 # 符号时，它会忽略该行空格后面的所有内容，从而允许你将注释留给自己或其他开发者。如果需要更多的空间，你可以继续在后面的每一行注释使用 #，也可以使用 ''' 或 """ 进行多行注释。下面是一个多行注释的例子：

```
'''
这是一行注释。
这是另一行注释。
这是更多的注释!
'''
```

conditional statement（条件语句）：根据是否满足特定条件执行的语句。

def（定义）：def 用于定义或创建函数。更多信息请参见函数（function）的术语解释。

dictionary（字典）：字典是由一个或多个键值对组成的数据类型。在这个实例中，每个键对应一个值。字典的键部分是不可变的，这意味着它不能被更改。字典中的值可以是任何类型——数字、字符串或其他类型，并且可以更改。字典的定义如下：

```
example_dict{'Name' : 'Paul', 'Age': '22'}
```

这个字典有两个项。第一个键值对是 Name: Paul，其中 Name 是键，Paul 是值。第二个键是 Age，它的值是 22。

docstring（文档字符串）：描述文档的字符串，嵌入在 Python 程序、模块或函数中的文档片段。

floating-point（浮点数）：小数，如 2.5 或 102.19。

Function（函数）：函数是可以在程序中调用的代码。我们通常使用函数来保存打算多次使用的代码片段。

下面是我们如何定义一个函数：

```
def name_of_function(parameters):
    # 下面是我们写代码的位置，例如：
    print("Look, I'm a function!")
```

要调用函数，我们可以输入：

```
name_of_function()
```

immutable（不可变）：如果某些东西是不可变的，那就意味着你无法改变它的值。

import（导入）：将库加载到程序中。

integer（整数）：整数，例如 1、400、20 000，甚至 -50 000。

iterable（迭代）：循环的另一个名称。

len：len() 函数用于计算对象的长度，例如变量、列表中的项等。如果在列表中使用，它将计算项或元素的数量。如果在字符串上使用，它将计算字符串中的字符数。以下是一些例子：

```
a  = "This is my variable"
some_list = [1,2,3,4,5]

len(a)
len(some_list)
```

返回结果是：

```
19
5
```

注意：len() 函数也会统计空格。

list（列表）：列表是一种 Python 数据类型，用于存储任何类型的有序值组。与元组不同，列表是可变的，这意味着它们保存的值可以更改。

要创建一个列表，你可以输入以下内容：

```
my_list = [0,1,2,3,4,5]
my_other_list = ['James', 'Super Taco', 'Not So Super Taco', 'Regular Taco
Man']
```

loop（循环）：循环用于根据一组条件对给定的代码块进行多次迭代或重复。分别是：for 循环（按照你告诉它的次数进行迭代）；while 循环（只要条件为 TRUE 就会重复执行）。

for 循环的例子：

```
for i in range(0, 5):
     print(i + 1)
```

执行结果是：

```
1
2
3
```

```
4
5
```

while 循环的例子：

```
while a == 4:
    print(" a equals 4! Yay!")
```

method（方法）：属于对象的函数。

mutable（可变）：可变意味着可以改变它的值。

object（对象）：使用类的模板创建的对象。

parameter（形参）：参数的另一个名称（尽管有些人会对此提出异议）。

print()（标准输出）：print() 函数允许我们向用户的屏幕显示或输出某些内容：

```
print("Hello Universe!")
```

会输出以下内容：

```
Hello Universe!
```

string（字符串）：字符串是一种数据类型，由任意字母、数字、空格或特殊字符组成。

syntax error（语法错误）：输入文本错误、部分代码拼写错误或语法错误时遇到的错误。

traceback（跟踪记录）：导致错误的函数的调用顺序列表。

tuple（元组）：元组是一种数据类型，用于存储任何类型值的有序集合。与列表不同，它们是不可变的，其值不能更改。

可以使用类似下面的代码来创建元组：

```
my_tuple = ('El Taco Diablo', 'Tiny Monster', 'Guy Focal')
my_other_tuple = ('0', '1', '2', '3', '4')
```

variable（变量）：变量是存储单个值的数据类型。该值可以是数字、字符、句子等。它们还可以是列表、字典甚至函数。

要创建变量，可以使用赋值操作符：

```
a = 12
b = "再看，再看就把你喝掉！"
```